조명, 도시를 디자인하다 | 세계의 야경과 생활조명을 찾아서

조명, 도시를 디자인하다 | 세계의 야경과 생활조명을 찾아서

미세움 아름다운 도시만들기 시리즈 4

세계의 야경과 생활조명을 찾아서

조명, 도시를 디자인하다

멘데 카오루 지음

김 정 태 옮김

조명, 도시를 디자인하다

2009년 3월 5일 1판 1쇄 인쇄
2009년 3월 10일 1판 1쇄 발행

지은이 멘데 카오루
옮긴이 김 정 태
펴낸이 강 찬 석
펴낸곳 도서출판 **미세움**
주 소 121-838 서울시 마포구 서교동 357-1 서교프라자 617호
전 화 02)844-0855 팩 스 02)703-7508
www.misewoom.co.kr
등 록 제313-2007-000133호

ISBN 978-89-85493-30-7   03540

정가 15,000원
잘못된 책은 바꾸어 드립니다.

미세움 아름다운 **도시만들기** 시리즈 4

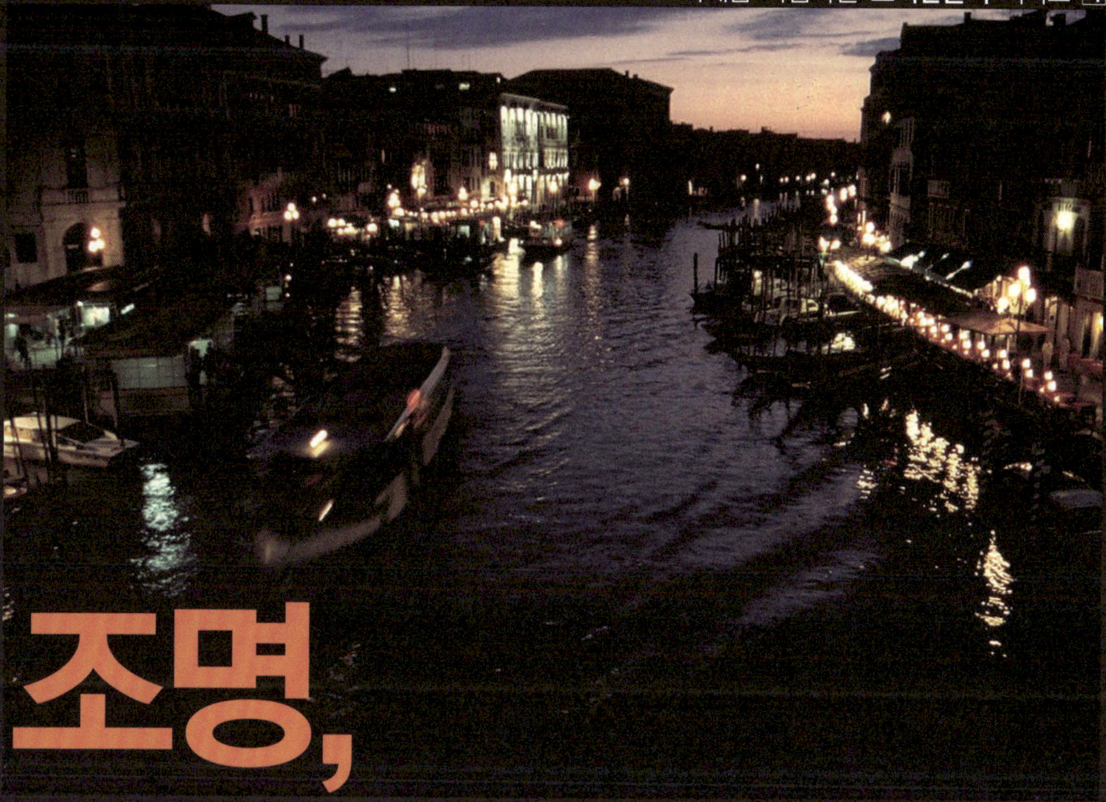

조명, 도시를 디자인하다

세계의 야경과 생활조명을 찾아서

멘데 카오루 지음 | 김 정 태 옮김

美세움

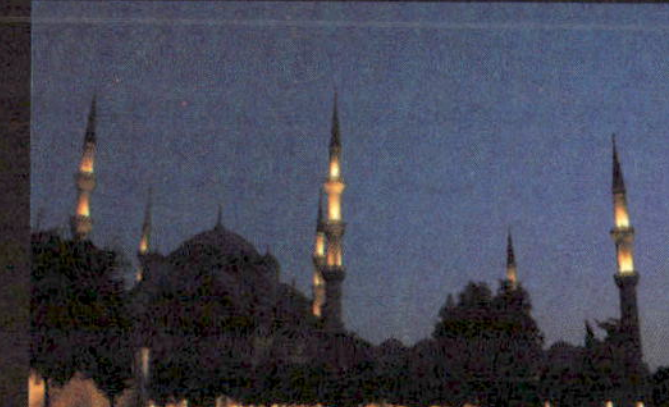

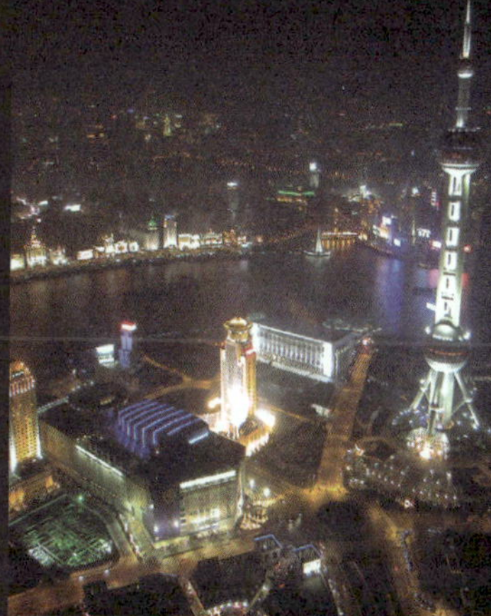

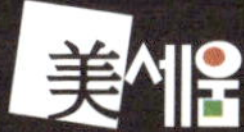

시작하며

　스스로를 조명탐정단이라 이름하며 어른의 놀이를 즐기고 있던 어느날 묘한 발음으로 "와타시모 탄테이단'나도 탐정단'의 일본어 발음"이라 말하는 외국인이 우리 앞에 나타났다. 1998년경의 일이었다고 기억한다. 그러는 사이에 한두 사람이 아니라 그 수가 서서히 늘기 시작했다. 그 중에는 멀리 떨어진 북미의 한 도시에서 10시간 이상이나 비행기를 타고 찾아와 우리들이 시민들을 상대로 벌이고 있던 '탐정단 도시걷기조사'에 참가하는 아가씨들도 있었다. 어눌한 일본어를 구사하는 재미난 미국인이 우리 사무실에 드나들기 시작하고, 독일의 조명디자인사무실에서도 탐정단 연수를 올 정도였다. 우리들은 그들과 함께 밤거리를 거닐고 술을 마시고 목욕탕에도 갔다. 그것이 '세계 조명탐정단'의 시작이다.

　일본에서 태어난 조명탐정단이 어느새 'Tanteidan'이라 불리며 '국제적인' 존재가 되었다. 인터넷상에 웹사이트가 만들어졌으며 일 년에 한 번은 포럼을 열어 지구 어딘가에서 만날 것을 약속했다. 올해는 그 30회째 포럼이 함부르크에서 개최된다. 이 책은 그에 맞춰 출판될 예정이다. 모두가 함께 모여 빛에 대한 이야기를 나누는 것은 정말 즐거운 일이다.

　'Tanteidan'은 세계로 뻗어나갈 것이다.

　이 책이 또 다른 새로운 만남을 만들어내길……

　우리나라의 도시경관조명은 1988년 서울올림픽을 전후하여 서울시에서 행정적으로 적극 설치한 이후, 약 20년이 지났지만 세계 어느 국가보다 급격히 빠르게 발전하고 있다. 이제 도시경관조명은 전국의 지방자치단체에서 중요하게 고려하여 대부분의 대, 중, 소도시에서는 경관조명의 설치에 큰 비중을 두고 있으며, 이미 국제적으로 인정받는 조명작품들도 많이 나타나고 있다.

　그러나 경우에 따라서는 경관조명에 대한 정확한 인식이 부족하고, 경관대상에 대한 구체적인 상황을 고려하지 않고 설치하기 때문에 에너지를 낭비할 뿐만 아니라 빛공해를 발생시키는 부정적인 측면도 적지 않다. 물론 여기에는 도시의 조명관리 제도가 완벽하지 않고, 조명설계 수준도 높지 않으며, 디자이너의 조명설계 능력이 빠르게 발전하는 조명환경에 적응하지 못하는 것도 하나의 중요한 이유다.

　경관조명 설계측면에서 보면, 빛의 제어가 부족하여 휘도와 조도가 지나치게 높아 건물과 도시의 문화적 품위를 저하시키고 있다. 또한 환경보호의식, 경관조명수법 및 조명기구의 성능에 대한 지식이 부족한 것이 일반적으로 조명디자이너가 지니고 있는 결점이다. 즉, 경관조명대상에 대하여 어떻게 명암과 빛을 연출할 것인지, 정확한 개념이 부족한 상태에서 설계

함으로써 권장값 이상의 조도와 휘도를 발생시키고 있다. 이런 상황에서 우리는 어떻게 절제된 조명으로 아름답고 품위 있는 도시경관을 연출할 수 있을 것인가를 고민할 시점이다.

도시경관조명은 야간의 도시형상을 결정하는 가장 중요한 요소다. 따라서 도시경관조명은 건축, 도시, 조경, 경관, 전기설비, 물리학, 생리학 등 이공학적 지식뿐만 아니라 심리학, 미학, 등 인문학적 학문을 융합한 종합학문이다. 즉, 경관조명은 과학이고 기술이며 인문이며, 마지막에는 예술로써 표현되는 창의적인 설계 창작품이라 할 수 있다.

도시경관조명은 비교적 새로운 학문이며 기초자료와 전문서적이 부족하지만 경관조명과 관련된 많은 전문가들과 업체들이 연구와 실무에 적극적으로 뛰어들어 깊이 있는 이론과 작품을 창작하고 있다. 바로 이러한 시점에 이 책은 각국의 조명전문가들이 자신의 도시에 대한 도시조명의 특성과 문제에 대하여 명확하게 서술한 것으로서, 세계적인 도시의 야간경관조명을 총체적으로 이해하는 데 매우 유용한 책이다. 따라서 경관조명과 관련된 일에 종사하는 학생, 조명디자이너, 조명업체, 관공서 등 모든 사람들은 이 책을 읽은 후 자신의 조명아이디어를 발전시키는 데 큰 영향을 미칠 것이라 믿는다.

2009년 1월

김 정 태 옮김

차 례

제1장

세계의 야경이 이야기하는 것

전 세계에는 셀 수 없을 정도로 많은 도시생활이 있으며, 그 수만큼 서로 다른 밤의 경치가 있다. 도시의 야경은 천차만별이다. 때로는 주변의 칠흑 같은 어둠을 배경으로 반짝이는 몇 안되는 빛이기도 하고, 하늘을 가득 메운 별들을 비추고 있는 듯한 무수한 빛의 집적이기도 하며, 그리고 드물게는 찬란한 신기루처럼 강렬하게 빛을 상공으로 내뿜는 도시도 있다. 불야성처럼 번쩍이는 칭찬의 대상이 되기도 하며 반대로 비난을 받기도 한다. 야경의 선악은 누구도 결정할 수 없을 것이다. 밝게 반짝이고 있으면 되는 것은 아니다. 높은 곳에서 봤을 때 찬란해 보이는 도시의 exciting한 야경이란 사실은 불필요한 빛들이 상공으로 쏘아 올려지고 있거나 새어 나오고 있는 것이라고도 할 수 있다. 요즘은 빛공해光害라는 말도 일반적인 것이 되었다. 그러므로 야경이란 관광자원을 만들어내기 위한 도구가 아니라 각각의 지역문화가 갖고 있는 개성을 빛에 비유해 비추는 생태로 받아들여야 할 것이다. 그런 의미에서 먹칠을 한 듯한 어둠이 지배하는 야경이라 해도 이야기할 만한 가치가 충분히 있는 것이다.

우리들 조명탐정단은 지난 14년 동안 세계의 도시야경을 기록하고 있다. 항상 카메라, 스케치북, 측광기기를 휴대하고, 매력적인 세계의 도시를 주야 불문하고 찾아간다. 그러한 조사가 이미 60개 도시에 이른다. 여기서 소개하는 것은 그 중 19개 도시의 야경이다. 세계지도상에서 최대한 빠짐없이 지구를 커버하도록 선발된 대표선수들이다. 야경은 도시의 발전과 쇠퇴에 따라 변화하는 것이 당연하므로 그 생태변화로부터 한시라도 눈을 뗄 수가 없다. 그러므로 중요한 도시에는 몇 번이고 발을 옮겨 그 변화실태를 관찰하고 있다.

야경의 관찰시점은 지표地表 레벨과 높은 곳에서 보는 2가지 시점으로 나뉜다. 우선은 어느 도시에서든 석양이 질 무렵에 도시를 한눈에 둘러보기에 적당한 높은 곳을 찾는다. 높은 탑의 전망대나 고층빌딩의 옥상 같은 곳을 물색한다. 그러한 인공적인 장소가 전혀 없을 경우에는 어쩔 수 없이 언덕 위에라도 오른다. 높은 곳에서 석양을 관찰하면 도시의 구조 및 특징을 읽어낼 수 있으므로 다양한 빛의 사건들을 추리할 수가 있다.

하늘이 어둠으로 물들기 시작하면 도시에는 불이 하나둘씩 켜지기 시작한다. 길가에 반짝이는 빛의 색상 및 강도를 관찰한다. 집집마다 새어 나오는 빛에도 주의를 기울인다. 번화가 같은 곳에 넘쳐나는 빛의 간판광고도 문화의 담당자다. 높은 곳에서 도시를 매크로macro하게 본 다음에는 지표레벨로 돌아가 높은 곳에서 추리한 사건들을 직접 확인한다. 본격적인 조명탐정 개시다. 노면의 조도照度를 측정하고, 가로등의 눈부심 정도를 측정하고, 조명기구의 모양을 스케치하고, 카페에 모여있는 사람들의 거동도 함께 관찰한다. 어째서 이 곳에 이러한 빛이 마련된 것일까? 왜 이 사람들은 이 빛을 좋아하는 것일까? 누가 이 빛이라는 덫을 놓은 것일까? 빛의 영웅은 어디에, 그리고 빛의 범죄자는…… . 세계의 도시는 수많은 질문을 던져온다. 살아있는 도시야경을 자신의 눈으로 탐정하는 것이다.

*각 도시의 맨 마지막에 있는 지도의 숫자는 본문 중 사진설명에 있는 숫자와 같다. 단, 지도에서 붉은 숫자는 그 장소에서 사진을 촬영한 것이다.

파리

의도된 도시의 야경이란

파리는 전 세계 야경의 표본이 되고 있는 도시로
거리풍경은 밤에도 낮에도 모두 아름다우며,
감상되어지기 위해 보존되고, 쇄신되고 있다.
밤이 되면 빛으로 인해 도시의 축선(Axis)이 명확히 떠오른다.
빛의 도시계획은 어디까지 진화하는 것일까.

도시의 야경을 이야기한다면 뭐니뭐니해도 파리다. 이곳에는 잘 짜여진 수많은 빛의 사건들이 숨겨져 있다. 도시의 불빛을 계획적으로 만들어내기 위해 많은 시간을 들인다. 파리 시민들은 오랫동안 불빛이 밝혀져 있는 도시를 즐겨 왔다. 그러니까 수많은 관광객들도 야간관광을 즐길 수 있다. 결점이라 한다면 이 도시에는 카오스가 없다는 것일까. 모든 것이 계획적으로 의도되어 있으며, 결과적으로는 아름답지만 의외성이라는 것이 없다. 1850년경에는 '가스등으로 반짝이는 파리' 등 시내관광을 부추기는 캐치프레이즈가 사용됐었다고 한다. 도시조명이 일찍이 성숙한 도시다.

이 도시에는 불빛의 점点·선線·면面이 꼼꼼하게 계획되어 있다. 에펠탑으로 대표되는 포인트적인 빛의 모뉴먼트monument들.

앞쪽. 그랑드아르슈 뉴타운을 상징하기라도 하듯 신개선문이 뽀얗게 라이트업되어 있다. ❶

▲ **에펠탑** 어둠을 배경으로 고고히 빛나는 것이 특징이다. ❷

샹젤리제 거리에서 볼 수 있는 것 같은 빛의 축선, 라빌레트 공원이나 레알 지구, 데프레 지구처럼 회유성을 지닌 면……．

자, 어디서부터 파리의 빛을 해부하면 좋을 것인가?

압도해 오는 빛의 모뉴먼트

그 도시가 야경을 뽐낼만한가 어떤가는 '밤을 그린 그림엽서'의 수로 알 수 있다. 파리는 그러한 그림엽서의 수에 있어서 타 도시를 압도한다. 밤 거리를 거니는 것만으로도 그림이 되거나 사진찍을 만한 곳이 정말 많다. "거기 서서 이쪽을 보고 사진을 찍어줘"라 말을 걸어올 듯한 거리, 빛의 모뉴먼트가 많다.

우선 뭐라 해도 고고하게 빛나는 에펠탑. 1889년 파리만국박람회 때에 근대기술의 정수를 동원해 세워진 이 가느다란 철골구조의 아름다움과 강건함은 이루 말할 수 없다. 바로 밑에서 올려다보면 마치 거대한 샹들리에를 보고 있는 듯해 숨이 막힐 지경이다. 처음에는 외부에서 투광기를 비추는 조명기법을 사용했었지만 철골구조내부에 빛이 모이도록 수정하고 나서는 몰라볼 정도로 그 아름다움의 박력이 증가되었다. 일본 어딘가에 이를 흉내낸 타워가 있기는 하지만 유감스럽게도 원조의 아름다움은 도저히 따라가지 못한다. 에펠탑을 보면 라이트업light up이란 낮에도 아름다운 그 형상을 밤에 한층 더 아름답게 하기 위한 기술이란 것을 잘 알 수 있다. 낮에 아름답지 않으면 안 되는 것이다.

개선문, 콩코드 광장 및 방돔Vendome 광장의 오벨리스크obelisk; 방첨탑, 노트르담 및 사크레쾨르와 같은 사원, 궁전 등의 역사적인 모뉴먼트는 말할 것도 없지만, 파리를 더욱 세련되게 만드는 것은 이 거리에 차례차례로 들어서는 현대건축에 의한 빛의 연출이다. 그 대표적인 성공사례가 루브르 미술관의 유리 피라미드와 그랑드아르슈신개선문. 유리 피라미드가 주위에 녹아들 듯한 따사로운 할로겐램프 빛으로 빛날 즈음 개선문을 사이에 두고 맞은편에 서 있는 그랑드아르슈는 메탈할라이드램프의 새하얀 빛의 대비로 라이트업된다.

▲ 따사롭고 투명하게 빛나는 루브르 미술관의 유리 피라미드. ❹

▼ 샹젤리제의 보도는 약 20m의 폭을 자랑한다.

▲ 그랑드아르슈에서 서쪽을
보다.

개선문에 서다

우리들 프로가 파리 야경의 감상지점으로 제일 권하는 곳은
누가 뭐래도 개선문 옥상이다. 이외에도 에펠탑, 몽파르나스
타워, 퐁피두 센터 등 개선문보다 더 높은 곳에서 볼 수 있는
장소도 있으나, 이곳에서는 파리의 산들바람을 직접 받으며
360도 파노라마를 만끽할 수 있다. 더욱이 압권인 것은 여기에
서면 빛의 도시계획을 한눈에 알 수 있다는 것이다. 거의 30도
씩 분할된 12개의 서로 다른 길이 이 한 점에서 만난다. 물론
첫번째로는 동쪽을 보아야 한다. 여기에서 잠시 샹젤리제의 투
시도perspective를 만끽하자. 저 멀리 콩코드 광장과 루브르 미술
관을 바라본다. 이곳에서는 대로 한가운데에 서는 시점視点이
허용되므로 정연하게 늘어 선 나무들, 건축물, 오가는 자동차
들의 헤드라이터나 미등까지도 보는 이의 몸의 중심을 향해
다가온다. 소실점消失點으로 빨려 들어갈 듯한 감동, 이것이 서양

의 권위이자 미의식이다.

다음으로 180도 반대편 서쪽을 바라보면 여기서부터의 길은 샹젤리제가 아닌 샤를르 드 골Charles de Gaulle로 그 이름을 바꾸어 라데팡스La Defense까지 이어진다. 이 길에는 샹젤리제의 고압나트륨의 따사로운 불빛과는 대비적으로 수은등의 뽀얀 불빛이 밝혀져 있다. 라데팡스 방면 신흥 비즈니스 타운을 표현하고 있는 것이다.

개선문에서 콩코드 광장에 이르는 2km가 샹젤리제 거리인데
그 중간 론포앙까지의 1km가 파리에서 유일하게 뻥 뚫린 길이
다. 도로 폭 75m중 한쪽 4차선 차도 32m를 뺀 43m 정도가 보행
자 공간으로 되어 있다. 한쪽 21.5m 정도에는 마로니에와 플라
타너스 가로수가 약 7m 간격으로 늘어서 있으며, 그에 맞춰서
차도용과 보도용 2종류의 폴등이 사용되어 있다. 높이 12m인

차도용은 수은등, 4m짜리 보도용은 고압나트륨램프다. 마찬가
지로 여기에서도 사람과 자동차를 색의 온도로 구분짓고 있다.

보도와 차도 모두 평균조도가 20~30럭스 정도이므로 꽤 밝
다. 하지만 보도를 거닐고 있으면 더 기분 좋은 것은 하나하나
의 카페나 부티크 앞에 넘쳐나는 빛이 있기 때문이다. 점포 앞
쪽은 그 밝기가 60~1,000럭스 정도다. 조도대비가 3배 이상인
보도는 확실히 쾌적하다. 자신도 모르게 점포 앞의 분위기에
이끌려버릴 것만 같다.

라세느La Seine의 엔터테인먼트

유리로 둘러싸인 바토무슈라는 대형 관광선이 세느강을 유
람하고 있다. 이 유명한 강을 오르내리며 건물 및 역사를 해설
하는 것인데, 밤에는 관광선에 대용량 투광기가 잔뜩 탑재되어
있어 양측 건물을 강하게 라이트업하며 돌고 있다. 그 불빛의
양은 가히 살인적인 것으로 강변에서 데이트를 즐기고 있는
연인들에게 있어서는 너무도 달갑지 않은 손님이다. 관광선 치
고는 세느강에 면접한 야경이 충분한 매력을 지니고 있지 않

▲▲ 아랍연구소의 기하학적 인 창을 내부에서 보다.
▲ 시트로엔의 쇼룸. 빛의 놀 이에 있어서도 센스가 빛난 다.

기 때문에 짜낸 묘안이라 생각했을 것이다. 그러고 보면 세느 강은 시테 섬과 생루이 섬을 제외하면 그다지 재미있는 강변 이 아니다. 어디를 보아도 주요 간선도로가 있는 탓에 멋있는 밤의 경치를 연출하기에는 부족한 구석이 있다.

다리도 많기는 하지만 빛의 연출은 그다지 평가할 만한 것이 못 된다. 이 부분은 파리의 약점일까.

중세에 현대를 삽입하는 빛

파리는 중세를 전시하는 도시가 아니다. 항상 문화의 중심적 역할을 하기 위한 현대건축물 및 도시환경을 계속해서 만들어 내고 있다. 그 속도가 도쿄나 상하이 정도는 아니지만 그곳에 출현하는 빛은 당연히 시대의 기술을 반영하며 과거를 쇄신하고 있다. 퐁피두 센터, 루브르의 유리 피라미드, 재정경제부, 아랍연구소, 신오페라하우스, 신도서관, 그랑드아르슈 주변의 라데팡스 지구에 출현하는 예술적 표현의 빛, 그뿐 아니라 그 축선상에 이어지는 위성도시 세르지 퐁드와즈^{Cergy Pontoise} 등……. 돌로 만들어진 건물정면^{facade}을 장엄하게 비추어 중세를 보존하는 한편, 메탈 및 유리를 반짝이게 하여 현대를 표현하는 조명기법을 개발한다. 파리는 항상 시대의 박물관으로서 신선한 야경을 끊임없이 갱신하고 있다.

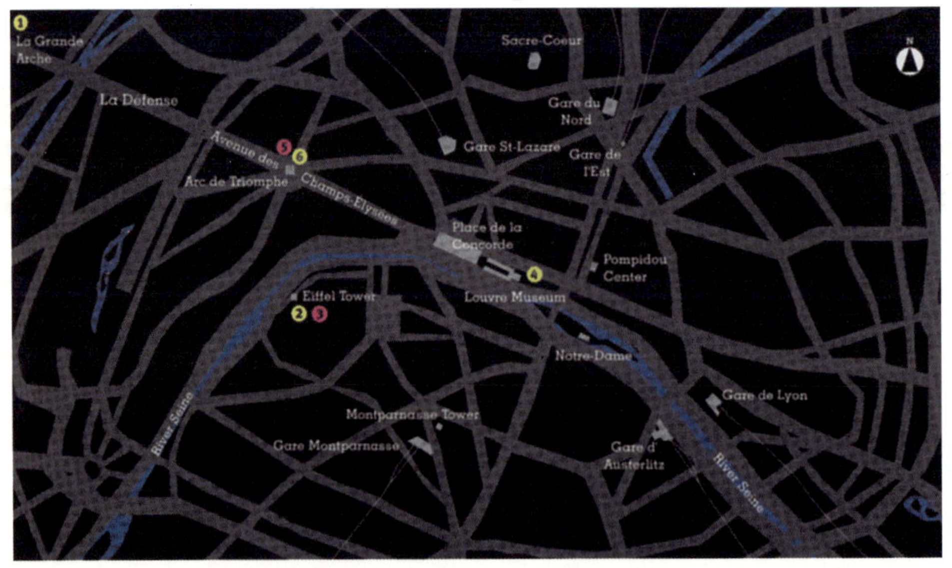

리옹

창작야경의 Top Runner를 목표로……

행정과 시민이 일체가 되어 리옹의 야경을 디자인하고 있다.
빛이라는 물감을 팔레트에 짜가지고 밤의 거리에 서있는 느낌이다.
어떤 빛을 사용해 어떤 도시의 야경을 그릴까.
이 도시에는 수많은 빛의 재료가 시행착오를 겪고 있다.

지금 리옹은 파리를 앞지를 기세로 아름다운 야경의 창작에 열심이다. 시민도 시장도 '밤을 아름답게 맞이하는 것'을 중시해, 전 세계에 그 모범을 보이기라도 하려는 듯하다.

"자연과 물과 빛이 자아내는 리옹의 거리는 시민과 리옹을 찾는 사람들에게 도시생활을 만끽하기 위한 비결을 알려줍니다." 리옹시가 발행하는 홍보책자에는 이렇게 기재되어 있다. 관광행정의 목적이 시민의 자랑거리가 되는 아름다운 도시경관을 낳고, 이로 인해 수많은 관광객들이 찾아 들게 된 좋은 예로 주목받는 매우 보기 드문 도시다.

거리에 가로등이 없다?

이곳의 밤이 아름다운 비결은 여기저기에 숨겨져 있지만 우선 이야기해야 할 것은 타운센터를 관통하는 메인스트리트인 레퓌블리크Republique 거리다. 이곳에는 조명기둥이 하나도 세워져 있지 않다. 1990년에 들어서 정비된 이 길은 1km정도 이어

▲ 형광등이 만들어내는 강변의 Blue wash.
▼ 손강에 걸린 저스티스교(橋)는 폭 4.2m의 현수교. ❷

지는 보행자 전용도로며, 폭 18m 정도되는 길 양측에는 높이 20m 정도되는 19세기 건축물을 살린 상업시설이 즐비하다. 이 길의 기본조명은 이 건축물들의 외벽에 설치되어 있다. 알루미늄 다이캐스트의 호화로운 장식용 조명기구지만 등구燈具 속에도 생각에 생각을 짜낸 공학기술이 감춰져 있다. 순도 높은 알루미늄 반사경은 빛을 낭비하는 일 없이 노면에 분배할 뿐 아니라 통행인의 눈이 부시지 않도록 설계되어 있다. 그리고 사용하고 있는 광원은 따뜻한 오렌지색의 고연색형 고압나트륨 램프다. 리옹은 Old fashion과 New technology의 총합체다.

숨겨진 멋의 비결

또 하나의 비결은 스트리트 퍼니처Street furniture와 함께 고안해 냈다는 노면에 묻어두는 타입의 조명기법. 돌 포장, 주철과 나무로 짜여진 벤치, 밤나무 가로수, 배수용 도랑조차도 아름답게 디자인되어 있다. 노면의 돌 모듈에 끼워 맞춘 강화유리

▼ 건축가 장누벨에 의해 자극적으로 바뀐 오페라 하우스. ❸
▲ 레퓌블리크 거리에는 가로등이 눈에 띄지 않는다. ❹

아래에는 수목조명용 용구가 들어 있으며, 배수구를 따라 3m 정도 간격으로 LED조명도 들어 있다. 정말 사치스럽고 세련된 보도조명이다. 이처럼 프로다운 상세한 씀씀이가 무어라 말할 수 없는 독특한 분위기를 만들어내고, 그 결과 매력적인 야경을 창조하고 있는 것이다.

강과 다리, 그 빛의 경연

리옹 타운 센터에 걸린 12개의 다리는 모든 다리마다 즐거운 조명이야기가 있다. 다리는 원래 사람이 건너기 위한 것이지만, 때로는 바라보기 위한 오브젝트가 되기도 하고, 거기에서 강의 풍경을 바라보기 위한 장소가 되기도 한다. 손 강에 걸린 저스티스교, 세인트조지스교, 론 강에 걸린 칼레교 등의 보행자 전용다리는 모두 난간에 조명이 장치되어 있으며, 발밑으로는 부드러운 반사광만이 엷게 비출 뿐이다. 조도계로 실측한 수치는 15럭스. 이러한 기분 좋은 느낌, 즐거움은 도대체 어디서 오는 것일까. 이곳에서는 단지 노면을 밝게 비추기만 하는 보통 다리와는 전혀 다른 디자인 의도가 느껴진다.

도시조명 디자인은 쾌적성의 추구다. 밤에 어떤 빛을 디자인하면 도시가 아름답고 쾌적하게 빛을 발할까. 리옹에는 그 해답을 찾기 위한 수많은 힌트가 마련되어 있다.

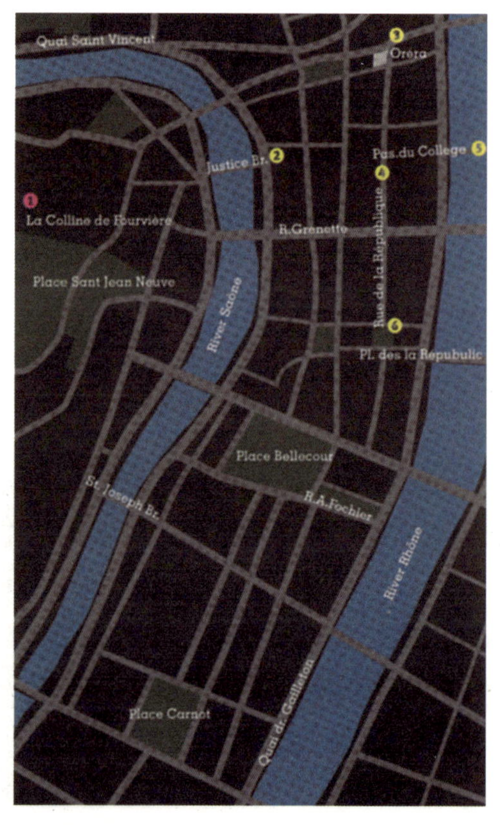

▶ 론 강에 걸린 'Du College'. 400개의 백열전구가 이 아름다운 광경을 만들어낸다. ❺
▲ 레퓌블리크 광장. 물과 빛도 도시조명에서 소중한 아이템이다. ❻

LYON | 창작야경의 Top Runner를 목표로

런던

파이팅 런던

전통의 도시 런던에는 심원한 빛과 어둠이 배어 있다.
결코 화려한 빛의 선전(Propaganda)을
가지고 있지는 않지만,
깊은 밤안개에 빛나는 오렌지색의 가로등이
빛과 도시와의 역사를 느끼게 한다.
그 전통을 얼마나 혁신하는가. 그것이 테마다.

일찍이 7개의 바다로 나아가 산업혁명의 최첨단을 힘차게 달린 세계적인 도시, 런던. 하지만 그 거리의 빛, 야경의 특징에 대해 물어 보면 "음……"하고 생각에 빠져들고 만다. 템스 강변의 야경도 파리의 세느 강처럼 화려한 야경을 떠올리게 하지는 않는다. 런던의 명소라 불리며 발전하는 '시티'라 해도 '밤에 그곳을 거닐어보고 싶다'는 생각이 들만한 장소가 부족한 것이 현실이다. 예외라고 한다면 푸른빛으로 메탈릭한 외장을 떠올리게 하는 로이즈 빌딩이 유일하다. 템스 강 주변의 야경을 즐기자는 프로젝트가 생겨나고 있기는 하지만 과연 빛의 대영제국은 복권할 수 있을 것인가.

앞쪽. 가로등과 퍼브에서 새어 나오는 불빛이 런던의 향기를 전한다.

▲ 템스 강가 이외에는 야경을 즐길만한 곳이 별로 없는 것이 유감스럽다. 전망대 같은 장소가 없어 도시 전체를 둘러볼 수 없으므로 아무래도 근시안적으로 될 수밖에 없다.

공공의 빛 – 전통적으로 인색한 행정

실은 18세기 말까지 런던은 유럽에서 가장 어두운 도시였다 한다. 프랑스, 독일 등의 선진적인 도시에 비해 치안과 함께 공공조명설비에 대한 정비가 뒤쳐져 있었던 것이다. 15세기 초부터 약 250년 동안 도로 주변의 주민은 의무적으로 창밖에 등불을 내걸어야 했다고 한다. 어둡고도 그 밝기가 각양각색인 창밖의 등불은 길을 밝힌다기보다는 그 자체가 표식이 되는 정

▲ 돌로 만들어진 건축외관에
는 세세한 불빛의 소재가 어
울린다.

▼ **시티의 럿게이트힐 거리.**
런던의 풍경과 정취를 전해준
다.

도의 기능을 했을 뿐이리라 상상이 된다. 드디어 공공도로에
대한 의식이 싹트고 나서도 필요경비는 조명을 설치한 개별가
옥의 소유자가 계속 부담하고 있었다고 하니 전혀 밝아질 리
가 없는 것이다. 런던시의 행정이 인색한 것일까.

건축물 외벽은 공공의 것?

하지만 공공과 사유가 같이 어우러짐으로써 도시경치가 번
잡해지지 않을 수 있었다는 좋은 예를 런던에서는 많이 볼 수
있다. 시티의 세인트폴 대성당으로 향하는 도중에 만난 럿게이

▶ 관람차에서 템스 강을 전
망하다.

트힐이라는 거리에는 가로등이 한 개도 보이지 않는다. 가로등의 등구 부분만이 건축물 외벽 12m 정도 높이에서 얼굴을 내밀고 있다. 건축물 내부에서 전기를 공급하고 있는 것이라 순간 생각했지만 잘 보니 지면에서 나온 전기공급용 배관이 눈에 띄지 않도록 벽면을 따라 올라가 있었다. 일본에서는 생각할 수 없는 일이지만 폭이 좁은 도로에는 딱 맞는 기법이다. 건축물의 외관은 공공의 공유재산이라 간주하는 사상이 그리 만들었음에 틀림없다. 아니면 건축물의 외벽이 그만큼 견고하고 항구성을 유지하고 있는 덕분에 받는 특전일까.

점포의 빛이 보도를 비춘다

런던의 긴자라 한다면 도시 중심을 동서로 가로지르는 옥스포드 스트리트^{Oxford St.}다. 유명 백화점이 어깨를 나란히 하고 있는 번화가지만, 넓은 보도에 비해 차도의 폭이 좁으며 그 폭이 긴자 거리보다 좁은 약 20m 정도다. 1972년의 'Three-Lined Paradise' 란 계획에 따라 기본적으로 보행자를 우선하도록 만들어져 있다. 크리스마스 무렵이기도 해서 사람들이 무척 많았고 좁은 차도에도 차가 넘쳐나고 있었다. 이 넓은 보도의 활기찬 분위기도 가로등이 아니라 점포의 조명에 의한 것이었다. 점포 안에서부터 넘쳐나는 빛의 위력. 여기서도 민간의 빛이 공공공간을 조성하고 있다. 그리고 무엇보다도 특징적인 것은 네온사인이나 튀어나온 내조식 간판이 거의 없다는 점이다. 이것이 일본의 번화가와 결정적으로 다른 점이다.

오래되고 세련된 리젠트 스트리트의 가로등이지만……

옥스포드를 교차하는 패션거리가 리젠트 스트리트^{Regent St.}다. 이곳에서는 보도에도 차도에도 모두 클래식한 주철제 가로

▼ 뒷길에는 가로등이 적기는
하지만 점포 불빛과 크리스
마스 장식으로 활기차다.

▼ 고급점포가 늘어선 리젠트
스트리트에는 전 세계에서 관
광객이 모여든다. ❷

등을 사용하고 있다. 오래된 듯한 거리풍경을 노린 모양이다.

　하지만 관리가 제대로 되고 있지 않아 꺼져있는 램프와 깨진 유리 전등갓이 눈에 많이 띈다. 또한 간격이 일정하지 않은 것을 보완하기 위해 벽에 기구를 장치해 놓았지만, 그것의 광원光源이 연색성演色性 나쁜 고압나트륨램프에다 가로등은 새하얀 수은등이라니 이게 어찌된 일인지. '런던의 도시조명은 대체 어떻게 된거야' 라고 말하고 싶어질 만도 하다. 이제부터라도 도시조명재생을 기대하고 싶다.

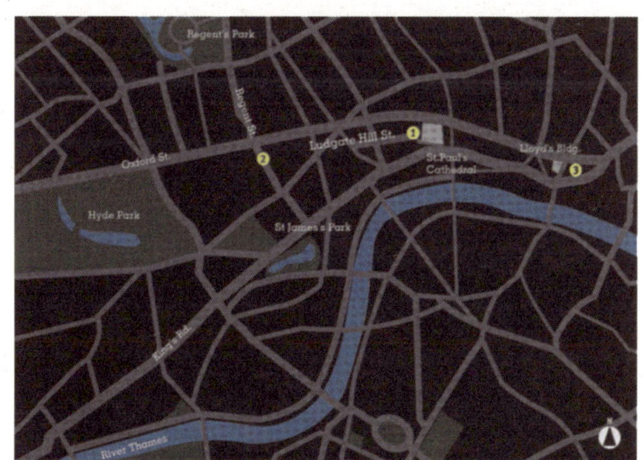

▶ **까르띠에의 외부조명.** 섬
세한 조명에서 센스가 느껴진
다.

코펜하겐

Blue Moment가 빛나는 도시

마치 도시 전체에 폴 헤닝센(Poul Henningsen)의 디자인 사상이 배어있는 듯하다.
부드럽고 포근한 불빛. 자연광과 공존하는 야경.
그것이 코펜하겐의 밤을 만들고 있다.
기술만으로는 이야기할 수 없는 것, 이 도시는 그것의 소중함을 가르쳐준다.

스칸디나비안들은 그들의 언어로 낮과 밤이 교차하는 시간대를 'Blue Moment=푸른 순간'이라고 말한다. 그것은 하늘에 투명감 높은 푸른 저녁노을이 지배하는 순간을 의미한다. 일본에서도 일몰, 황혼, 해질녘과 같이 표현한다.

일본에서는 이 아름다운 순간을 10분 정도밖에 볼 수 없지만 스칸디나비아 사람들은 계절에 따라 몇 시간씩이나 이를 즐길 수 있다. 이 새파란 하늘을 배경으로 집집마다 따뜻한 불꽃 같은 오렌지 색깔의 불빛이 하나, 둘 피어 오른다. 이것은 진정 스칸디나비아 지역만의 특징이다. 위도가 높아 태양의 은혜를 많이 누리지 못하는 나라들이니 만큼 '자연광을 사랑스러워 하는 기분'이 강한 것이다. 태양과 불이라는 2가지 자연광의 따사로움을 소중히 여기며 생활하고 있는 모습이 엿보인다.

티볼리 공원의 작은 반짝임

티볼리Tivoli 공원은 1843년에 건설된 어뮤즈먼트 공원Amusement Park이다. 봄여름 5개월밖에 운영하지 않음에도 불구하고 연간 400만 명이나 되는 사람들이 찾는다고 한다. 물론 밤늦은 11시주말은 심야 1시까지 열고 있으며, 11만 개나 되는 백열전구의 조명장식Illumination이 사람들을 매료시킨다. 지금부터 160년 전에는 전구가 없었으니 지금과는 사뭇 달랐겠지만, 무수한 백열램프를 사용한 조명장식을 티볼리라 부르게 되었을 정도인 원조다. 공원 그 자체가 밤 늦게까지 찬란하게 빛나고 있다. 마치 크리스

탈 샹들리에의 도시버전이라고나 할까.

지금도 살아있는 폴 헤닝센의 가르침

이 찬람함과 쌍벽을 이루는 것이 1940년대에 폴 헤닝센^{Poul Henningsen; PH}이 직접광이 새어 나오지 않도록 디자인한 간접조명기구 시리즈다. 불멸의 명작이라 여겨지는 그의 디자인은 덴마크 빛 문화의 자랑이다. 조명기구 속에 광원을 가두어 두고 필요한 장소에 필요한 빛만을 비추며 사람의 눈에는 광원을 직접적으로 보여주지 않는다는 원칙을 계속 지켜온 것이다. 그는 분명 고집 세고 현명한 사람이었을 것이다. 지금도 그를 모방하는 작품은 많지만 그를 넘어서는 작품은 없다. 이러한 사상은 실내, 실외 할 것 없이 모든 환경에 적용되고 있다. 기본적으로 부드럽고 인간 친화적인 빛. 이 나라에서는 사람의 눈을 아프게 하는 빛은 금기인 것이다.

커티너리 조명방식의 장단점

코펜하겐에서 하나 더 유명한 곳은 바로 세계적인 자랑거리인 보행자 전용의 Pedestrian Mall인 스트뢰에^{Stroget}다. 고급상점에서 노점상까지 2,000개 정도의 점포가 1.2km나 즐비하게 늘어서 있다. 이곳의 조명은 커티너리 조명방식으로 불리는 조명대^{pole}가 없는 배선과 설치방법이다. 폴^{pole}을 세우는 대신에 건

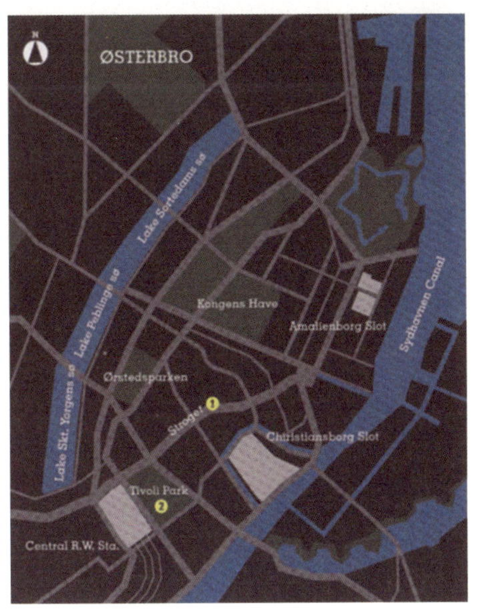

축물 외벽에 지지선커티너리을 설치하고 공중에서 그것을 잡아당김으로써 조명기구를 공중에서 자유로이 고정시킨다. 낮에는 지지선이나 배선이 눈에 띄지만 밤이 되면 어두운 밤하늘 천공에서 내려진 다운라이트가 떠 있는 듯이 보이기도 한다. 스트뢰에의 조명기구는 조금 더 글레어glare의 방지각도를 깊게 하는 것이 좋다. 지역 사람들에게 있어서는 너무나 당연한 차도용 기구이므로 보행자 전용공간에는 적당하지 않다는 목소리도 있다.

◀ 거실창가에 놓인 PH램프 스탠드 너머로 서서히 저녁노을이 지고 있다. 해질녘 여유로운 시간이 흐른다.

▼ 스트뢰에의 커티너리 조명

모스크바

혹한의 밤에 가만히 멈춰선 야경

어둠에 묻힌 모스크바의 거리에 그래도 찬란히 빛나는 몇몇 건축물들은 권위의 상징일까.
상업을 위한 극도로 요란스러운 빛이 없어졌을 때,
도시는 이렇게까지 활기를 잃고
정적을 되찾는 것이다.
밤의 추위 속에 고고한 빛이 여기저기 흩어져 있다.

러시아는 끝없이 넓은 국토에 비해 인구는 매우 적다. 전형적인 대륙성 기후로 짧고 시원한 여름과 길고 매서운 겨울이 특징이다. 여름과 겨울의 기온차는 무려 35~70도에 이르며 모스크바에서도 섭씨 영하 30도를 넘는 혹한^{Maroz라 불린다}이 찾아오는 일이 있으며, 그에 대응할 수 있도록 주거나 의복 등 모든 생활양식이 고려되고 있다. 그래서인지 크리스마스 전인데도 모스크바의 밤은 고요하기만 하다. 일출이 9시경, 일몰이 오후 4시경이었으니 정말 긴 밤이다. 이 추운 밤거리를 지나는 사람도 적을만하다. 상징적인 건물 라이트업만이 고고하게 빛을 발하고 있다.

권위를 상징하는 라이트업

모스크바 시내의 가로등은 거의가 오렌지색 고압나트륨램프의 폴등으로 구성되어 있다. 표정은 기능적이고 실로 심플하게 만들어져 있다. 도쿄에 필적할만한 넓이의 환상도로^{環狀道路} 3개가 주위를 돌고 있으며 큰길들이 방사선 모양으로 뻗어 있어 다트게임보드처럼 보인다. 그리고 그 중심에는 붉고 넓은 크렘린이 위치하고 있다. 물론 권위의 상징 크렘린 내부의 건축물들은 밤에 빛으로 화장을 한다. 수많은 궁전건축, 성당, 박물관 및 극장 등의 역사적 건조물들은 정성스럽게 라이트업되어 그

앞쪽. 모스크바 대학의 저녁 풍경을 바라보다.

▶ 현재의 볼쇼이 극장은 1856년에 재건된 것. 그리스풍 건축은 섬세함을 살린 세세한 라이트업을 받고 있다. ❶

▲ 볼쇼이 극장 옆에 있는 Tsum백화점의 크리스마스 일루미네이션.

역사성을 한층 강조한다. 가로조명이 심플하고 단조로운 만큼 라이트업된 그것들의 오브젝트가 거리에 다소 밝은 감을 더해 주고 있다.

볼쇼이 극장의 안과 밖

밤의 옥외가 한산한 인상을 주는 것에 비해 볼쇼이 극장의 옥내공간은 빛이 눈부실 정도로 연출되고 있다. 라이트업되어 진 입구 벽면을 배경으로 실루엣이 보이는 8개의 원 기둥이 상징적인 지붕을 지탱하고, 그 위에 말 4마리가 이끄는 로마전차가 올라 앉아 있다. 센스있는 연출효과다. 극장내부는 금색과 붉은색으로 칠해져 있으며, 무대를 둘러싸고 있는 5층짜리 박스좌석은 찬란히 빛나는 세계다. 크렘린의 성당내부와 같은 호화로운 샹들리에와 브래킷bracket으로 장식되어 있다. 실로 극장예술은 러시아의 권위라 말하고 있는 듯한 매력적인 모습이다.

▼ 발레의 전당이라 불리는 볼쇼이 극장은 휘황찬란한 인테리어로 둘러싸여 있어, 공연을 기다리는 관객들의 기분도 고조된다.

▶ **크렘린 내의 성당.** 라이트업을 받은 크렘린은 붉은 광장 및 모스크바 강변에서 볼 수 있다. ❷

▲ 알버트 거리의 스케치

상업주의가 없는 밤은 적막한가?

번화가인 트베르스카야 거리나 쇼핑가인 알버트 거리에서조차 상업적인 간판조명이 거의 보이지 않는다. 광고게시판이나 거대한 상업간판도 적고 건축물의 덩치가 크므로 거리풍경이 매우 심플하고 시원스럽다. 아시아의 도시에서 보이는 요란스러움은 손톱만큼도 없으며, 그 때문인지 밤의 활기도 없고 쓸쓸하고 경직된 표정만이 인상적이다. 크리스마스 시즌을 맞아 광장에는 전기조명장식을 한 트리, 큰길에도 나무마다 조명장식이 되어 있기는 하지만 왠지 흥겨운 분위기가 느껴지지는 않는다. 상업주의로 인한 요란스러움을 부정하게 되면 이처럼 활기를 잃게 되는 것일까. 우리들이 "심플한 게 최고야"라고 말할 수 있는 것은 어쩌면 우리들의 일상의 어쩔 수 없는 요란스러움 때문일까.

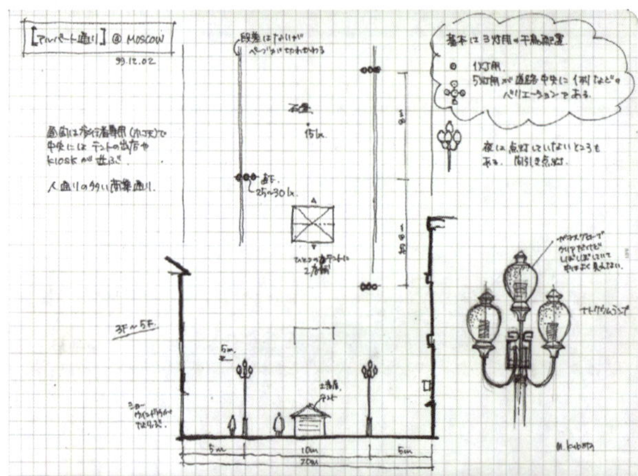

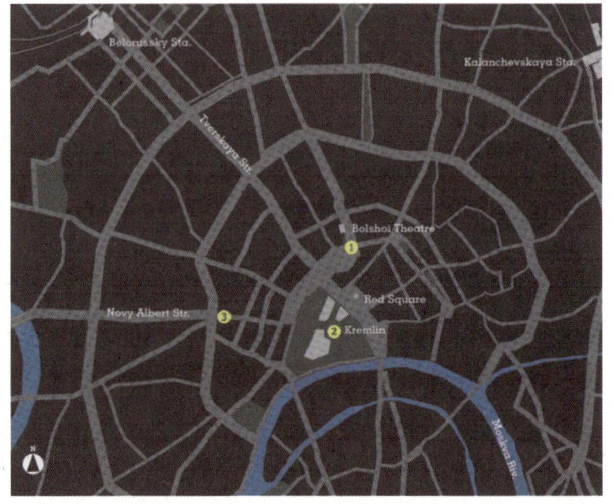

▲ **모스크바 거리**. 가로등불이 새하얀 눈에 반사되어 이처럼 환상적인 경치를 만날 수 있다.
낮에는 보행자 전용으로 중앙에는 천막노점상이나 간이매점이 들어서 있다.

▲ 구 알버트 거리는 보행자 전용 쇼핑거리. 밤에는 클래식하고도 고요한 거리풍경으로 돌아간다. ❸
▼ 볼쇼이 극장 앞 광장의 커다란 크리스마스 트리. 어딘가 쓸쓸한 분위기다.

베를린
오래된 기술을 지금에 살린다
포츠담 광장에 출현한 새로운 거리풍경은 새로운 베를린을 상징하고 있다.
동서를 가르는 장벽이 있던 시대의 그림자는 빛이 늘어남과 함께 흐려져 간다.
쿠담(Ku-damm)은 변함없이 부드러운 빛의 축선을 그리고
오고 가는 사람들에게는 부드러운 생활의 축을 부여한다.

CineStar
IMAX

　1990년에 동서의 장벽이 부서지고 난 후 눈깜짝할 사이에 베를린에 망치소리가 늘고 건축붐과 함께 수많은 예술가들도 몰려들었다. 국적불명의 젊은이들이 모여드는 퍼브는 독특한 열기로 가득 차고, 재개발된 포츠담 광장 일대에는 전 세계의 건축가들이 솜씨를 자랑하며 설계한 시설이 집적했다. 동서가 통일된지 10년이 지나 유행성 열기가 가라앉기는 했어도 최첨단 빛을 자랑이라도 하는 듯했던 베를린이 이제는 한물간 가스등을 사용하고 있기도 한다. 보도에 등이 없는 쿠담 거리Ku-dam Strasse도 건재하다. 진정한 혁신의 도시기에 오히려 오래 전부터 전해오는 기술을 더욱 아끼는 것일까.

보도용 등을 겸하는 독립형 쇼윈도우

　무어라 해도 베를린의 번화가는 쿠담거리다. 플라타너스 가로수가 늘어선 48m의 폭 중 약 2/3를 보행자도로로 사용하고

1 포츠다머 플라츠역 입구.❷

2 소니센터의 광장을 내려다 보다.

▼ 컬러라이팅으로 계속 색이 바뀌는 'Fujiyama' 와 'IMAX 시어터'

있는데, 그 한편 14m 정도의 넓은 광장에는 밤이 되면 보도조명을 겸하는 독립형 쇼윈도우에 등이 밝혀져 있다.

깊이 0.8m, 폭 1.2m, 높이 1.5m나 되니 부피로 치면 전화박스 정도인데, 이것이 4m 간격으로 약 2km에 걸쳐 연속으로 배치되어 있어 다양한 불빛을 발하는 모습은 볼 만하다. 쇼윈도우에는 구두가게, 넥타이가게, 동네의원의 광고 같은 것들도 있고, 디스플레이와 조명에 고심한 흔적이 역력하다. 심야까지 이 불빛이 꺼지지 않는 것은 공공조명의 역할을 자부하고 있기 때문이다. 공공과 상업의 이해利害를 하나로 묶어내고 있을 뿐 아니라 보행자들도 기뻐하는 좋은 예를 보여주고 있다.

아직도 가스등을 사용하는 마음

사람들의 무리를 벗어나 옆길로 들어가면 돌연 오래된 석조 아파트 단지가 나타난다. 어딘가 마음이 편안해지는 풍경이다. 이 일대에는 오래된 가스등 불빛이 사용되고 있다. 19세기 말부터 20세기 초반에 정비되었다고 하는데 100년이 지난 지금

까지도 건재하다. 높이가 3.5m, 폭 10m 간격의 도로에 10m의 갈짓자Z 배치. 이것으로 수평면 조도 5럭스, 연직면 조도 5럭스, 눈부시지 않을 정도의 반짝임이 쾌적하다. 휴먼 스케일 humanly-scaled의 빛 환경으로 딱 맞는 조건을 보여주고 있다. 방전등보다 유지보수비용이 더 들지만 이곳 사람들은 이 아늑함을 알고 있음에 틀림없다.

포츠담 광장의 혁신

1990년 독일 동서통일과 함께 베를린 재생을 위한 대규모 개발이 시작되었다. 소니유럽 및 다임러크라이슬러, 독일철도와 같은 대기업들이 그들의 본사기능을 이곳으로 이전했다. 그 중 1992년 헬무트 얀Helmut Jahn이 설계경기에서 따낸 소니센터는 'Fujiyama' 라 불리는 커다란 지붕이 유명한 대규모 복합시설이다. 특이한 점은 그것의 유리 커튼벽의 외관조명이다. 층간 스

1, 2 약 2km에 걸쳐 이어지는 쿠담 거리의 쇼윈도우는 주야로 거리풍경이 바뀐다. 밤에는 초롱불처럼 보도를 밝게 해준다. ❹

3 등이 2개 달린 폴등이 이어지는 칼마르크스 거리. 정연하게 늘어선 수은등의 흰 불빛이 상징적이다.

4 포츠담 광장 근처의 새로운 쇼핑센터.

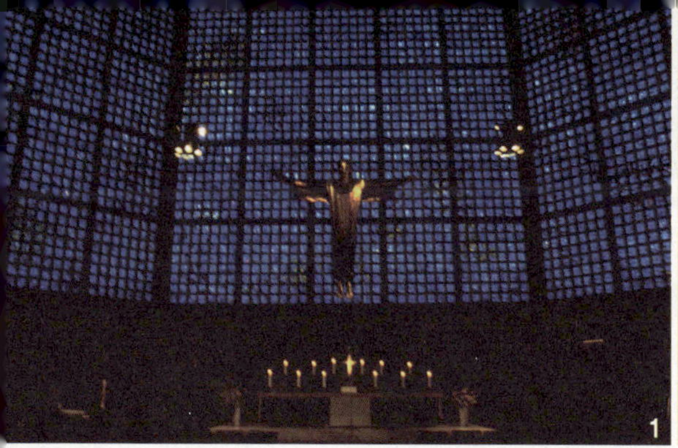

1 카이저 빌헬름 기념교회 내부. 빛을 받은 파란색 스테인드글라스가 아름답다. ❺

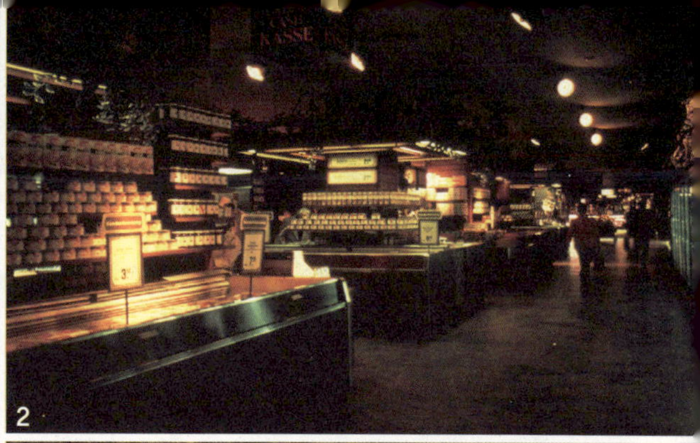

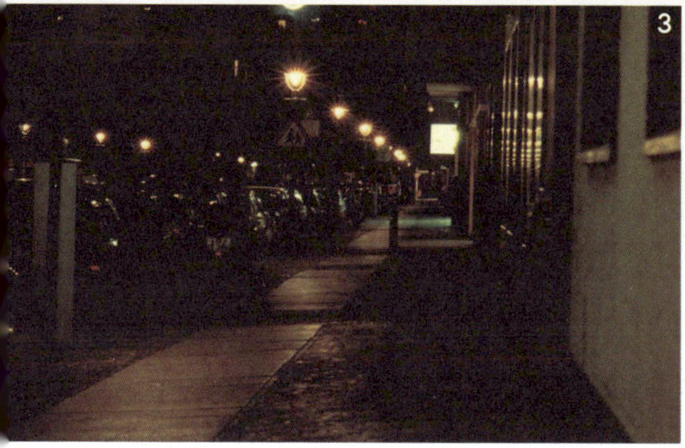

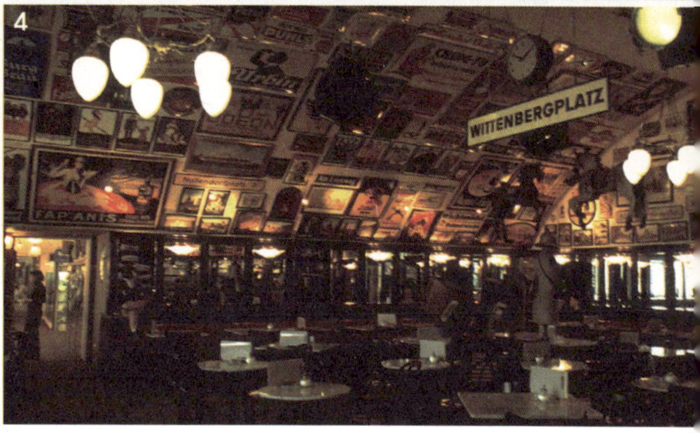

2 유서 있는 백화점인 KDB (KaDeWe)의 식품매장은 백열등을 사용한다.

3 가스등이 늘어선 거리.

4 고가도로 밑을 이용한 카페는 복고풍 분위기.

팬드럴 부분이 전층 라이트업되어 주변 전체를 하나의 불야성처럼 보이게 한다.

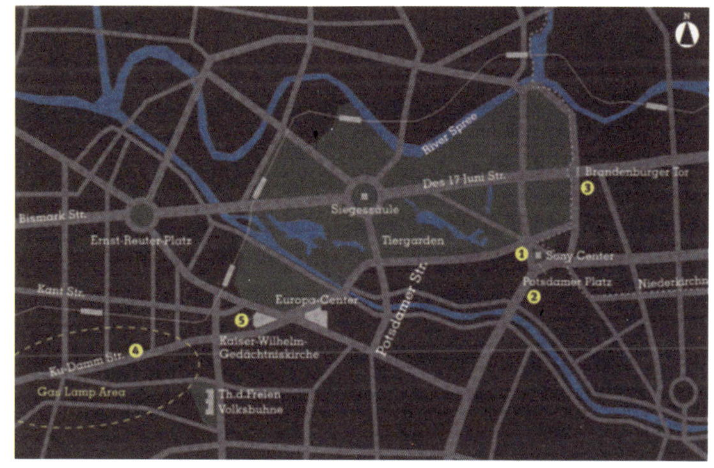

이스탄불

도시에 흐르는 코란처럼

동서문화의 교점인 이슬람 거리는 이색적인 빛을 발하고 있다.
시장(Bazaar)에 빛나는 빛의 조각과 모스크바 내부에 뒤섞인 서로 다른 방향성의 빛들.
조용히 잠든 어두운 밤에 떠오르는 미나레트(minaret; 이슬람교의 예배당인 모스크의
일부를 이루는 첨탑)와 보스포루스 해협에 빛나는 푸른 달.
이 또한 이슬람의 증거일까.

이스탄불은 동서문화가 만나는 교통의 요지다. 거리는 독특한 향기를 발하고 있다. 물론 이슬람의 생활문화를 대표하는 도시의 하나기는 하지만, 다른 이슬람 도시와는 다른 로맨티시즘을 느낀다. 우선 톱카프 궁전Topkapi Palace, 아야소피아Ayasofya, 블루 모스크Blue Mosque 등 수많은 사원과 크고 작은 시장으로 북적거리는 구시가지 - 술탄 아메드Sultanahmed 지구는 놓칠 수 없는 곳이다. 갈라타 다리Galata Bridge 건너편 언덕 위에서 구시가지의 일몰을 바라보니 보스포루스 해협에 빛나는 보름달이 보였다. 그러고 있노라니 갑자기 코란이 거리 전체에 울려 퍼졌다. 새벽, 점심, 오후, 해질녘, 밤 이렇게 하루에 다섯 번 이 낭랑한 독경소리가 거리에 흐른다. 울려 퍼지는 그 음색을 듣고 있노라면 마치 바람소리나 새의 지저귐과 같이 느껴지니 참으로 이상한 일이다. 밤이라도 되면 하나둘씩 집집마다 불이 켜진다.

앞쪽. 구시가지의 언덕 위에서 보스포루스 해협에 빛나는 푸른 달을 보다. 집집마다 새어 나오는 빛과 고요함이 신성한 밤을 연출한다.

▲ 미나레트를 강조하는 아야소피아의 야경. 여름 밤 이곳에서 소리와 빛의 드라마 쇼가 이뤄진다. ❶

어둠 속에 떠있는 것은 미나레트 뿐

관광지로서도 이름이 높은 이스탄불이니 만큼 도시전체가 매우 화려하게 불 밝혀져 있을 것이라 생각하고 있었지만, 밤이 되고 보니 거리는 어둠 속에 가라앉은 듯한 인상이다. 기복이 심한 지형이어서 가로조명도 그렇게 밝게 느껴지지 않는다.

집집마다 창문도 작고 불빛이 넘쳐 나는 인상도 없다. 상업빌딩이 불빛을 발하고 있는 것도 아니다. 현란한 불빛의 간판이 경쟁하는 일도 없다. 단지 여기저기에 흩어져 있는 미나레트만이 날카롭게 빛을 받으며 어둠에 떠올라 하늘을 찌를 듯한 강한 표정을 짓고 있을 뿐이다. 그렇다. 이 거리는 밤에 특별한 자극을 필요로 하지 않는다. 미나레트만이 마음의 상징일까.

뒤섞인 빛의 칵테일

엄청난 수의 회교사원을 차례차례로 돌아본다. 시대나 양식은 조금씩 다르지만, 회교사원에 감도는 빛의 표정에는 공통된 점이 있다. 빛이 항상 여러 방향에서 브랜드 되고 있어 명확한

▼ 천정의 업라이트와 낮은 위치에 매달린 샹들리에.

▲ 톱카프 궁전의 하맘(터키 사우나)에는 지붕형 탑라이트에서 빛의 조각들이 쏟아져 내린다. ❷

광원의 위치나 빛의 방향을 나타내지 않는 것이다. 빛의 방향
성으로 말하자면, 크리스트교는 위에서 밑으로, 불교는 옆에서
옆으로, 그러나 이슬람 사원에서는 빛이 사방팔방으로 비산해
버린다. 뒤섞인 무방향의 빛. 그것이 이슬람이 가진 빛의 문화
다. 낮에는 높은 곳에서 낮은 곳까지 무수히 설치된 창으로 서
로 다른 표정의 자연광들이 쏟아져 들어온다. 그리고 밤이 되
면 높은 천정에 매달린 이슬람풍 샹들리에의 수많은 전구들도
반짝반짝 빛을 발해 회교사원 내부를 빛으로 뒤섞는다.

낮이든 밤이든 황금색의 시장_{Bazaar}

이스탄불의 빛의 인상은 뒤얽혀 있는 크고 작은 시장 내부환
경에서도 만들어진다. 가구나 의료품부터 일용잡화, 보석귀금
속에서 각종 식료품까지 다채로운 상품이 판매되고 있어 지루
함을 느끼지 않고 방황할 수 있다. 시장은 돔형의 아케이드로
덮여 있으므로 낮에 더 어두운 장소도 있다. 여기서 가장 흥분
되는 빛과 만날 수 있는 곳이 금은 보석상, 구리제품의 부조세
공 같은 것을 취급하는 생활잡화상이다. 가게 안에 매달려 있
는 심플한 백열전구의 빛이 가게를 가득 채우고 있는 상품에

▼ 블루모스크 내부에서는 소
리와 빛이 뒤섞여 있다. 어디
에 음원이 있고 광원이 있는
것일까. ❸

1 회교사원의 탑라이트로부터 이어지는 빛이 발 밑을 강조한다.

2 Grand 시장의 철물점은 낮에도 황금색으로 반짝인다. ❹

3, 4 회교사원의 샹들리에. 예전에는 수많은 촛불을 매달았지만 지금은 백열전구가 그 역할을 한다.

반사되어 위험한 분위기를 자아낸다. 황금색, 이것에는 잠재적으로 사람을 매료하는 마력이 있다. 미로 같은 시장에 대한 잠재적 불안이 이 거리의 황금색으로 인해 더욱 고조되는 듯하다. 이슬람의 빛은 이방인에게 있어 곤혹 이외는 아무것도 아니다.

베니스

물과 빛의 풍경

베니스는 물과 빛의 정령이 머물고 있다.
미로와 같은 샛길 도처에서 물과 빛이 춤을 추고 있다.
낮에는 태양의 빛과 그림자가 수면에 반사되고,
밤에는 길거리의 작은 램프 빛이 수면에 비쳐 들어간다.
물의 수도는 빛의 수도기도 하다.

베니스는 사방 약 2km의 작은 섬으로 그 한가운데에 대운하Canal Grande가 흐르고 있어 섬을 둘로 가르고 있다. 그래서 섬 전체는 칼레calle라 불리는 작은 샛길과 리오rio라 불리는 작은 운하로 도시가 더 작게 나뉘어져 있다. 지도를 보고 있으면 마치 직소퍼즐과 같은 모양이다. 리오를 건너는 다리는 보통 계단모양으로 되어 있는데 자동차는커녕 오토바이나 자전거도 들어갈 수 없다. 주요 이동수단은 도보와 수상버스vaporetti. 그러한 특수성은 밤의 거리풍경에도 충분히 반영되어 있다. 여기서는 어느 곳에다 카메라를 들이대도 그림이 되어버리는 매력이 있다. 라군이라 불리는 얕은 바다가 생활의 깊은 곳까지 비집고 들어와 있으며 사람들은 빛과 물과 함께 살아가고 있다. 물은 태양빛과 구름의 색을 풍부히 반사하고 있어 밤이 되면 얼마 안 되는 백열램프의 가로등을 충분한 밝기로 증폭시켜준다.

폭 2m의 미로Labyrinth

물론 이곳에는 큰길이라는 것이 없다. 자동차가 들어갈 수

앞쪽. 베니스의 풍경을 구성하는 대표적 거리. 어슴푸레한 운하 전방에 비친 다리가 보인다.

▲ 리알트교에서 바라보는 그란데 운하의 저녁 풍경. 물가의 활기가 증폭된다. ❶

▲ 베니스 사람들은 물가의 노천 카페를 좋아한다. 작은 운하의 물가는 빛과 어둠의 경계선.

▶ 그런데 운하의 물가도 카페로 활기차다.

▶▶ 저녁시간에 돌연히 나타난 보트 야채상.

없으므로 거리의 스케일이 모두 사람 기준인 것이다. 도시의 모세혈관과도 같은 칼레는 폭 2m 정도밖에 안 되는 샛길이다.

지도와 나침반만 있으면 어느 거리에서라도 문제없이 탐정이라 확신하고 있었지만 베니스에서는 지도도 나침반도 아무것도 도움이 되지 않았다. 이곳은 미궁공간. 이 도시의 공공 가로등이라는 것은 건축물 외벽에 설치된 앤틱 디자인의 유리갓 조명기구다. 더욱이 광원은 너무도 투명한 백열등이다. 장소에 따라서는 전등갓이 반은 검게 칠해져 있어 유리가 적당히 반짝인다. 그런 것이 약 20m 정도 간격으로 이어져 있으며 조명 바로 밑의 조도는 6럭스. 조도가 낮기는 하지만 양측 벽이 바로 빛을 모아주므로 어둡다는 느낌은 들지 않는다. 백열등을

VENICE | 물과 빛의 풍경

공공 가로등으로 쓰고 있는 예는 지금은 지독한 시골이 아니고서는 보기 힘들다. 그렇다면 베니스는 시골일까, 도시일까.

빛을 전하는 물, 그에 가까운 시선

지구온난화 현상은 베니스의 수위를 높이고 있으며, 이 도시는 앞으로 물에 잠기게 될 위기에서 벗어나기 위해 환경개선에 힘을 쓰고 있다. 그런 도시이므로 생활공간은 물과 함께 있다. 물은 밝기를 두 배, 세 배로 증폭시키기 위한 중요한 소재다. 특히 시선이 수위에 가까워지면 질수록 그 효과가 점점 커지고, 시선이 높게 내려다볼 수 있는 각도가 되면 될수록 빛의 반사가 적어져 그 효과가 적어진다. 실로 베니스는 수면에 빛의 입자들이 깔려 있는 것만 같다.

빛의 그림연극 – 조감이 불가능한 도시

도시의 지도를 열심히 보아도 길을 잃고 마는 것은 인간의 시야나 기억은 평면적이지 않기 때문이다. 그렇다. 우리들은 항상 입체적으로 기억하는 것이다. 더욱이 길을 가고 있을 때

에는 각각의 특징이 될만한 정경에 하나씩 번호를 매겨가며 마음 속에 간직하는 것이다.

그러므로 베니스에 3일 정도 있으면 길을 걷기가 편해지고 시퀀스sequence가 이해되며 빛의 그림연극을 정확히 기억하게 된다. 특히 좁은 공간의 길에서는 작은 쇼윈도의 빛 같은 것들도 소중한 요소다. 무엇이 빛의 그림연극의 한 장면을 이루는 중심인물인가를 잘 관찰해보면 된다. 탐정단은 항상 높은 곳에 오르지만 이번만은 소용없는 일이다. 베니스처럼 조감이 불가능한 도시도 있다는 것을 배웠다.

어둠 속에 꿈틀거리는 작은 빛

서아프리카. 서배너^{Savannah}에서 취락조사를 위해 야영을 하던 첫날밤. 주변 취락에 신경이 쓰여 약간은 소심하게, 하지만 맹수를 피하기 위해 모닥불을 피웠다. 저녁식사는 통조림과 일본에서 가지고 간 음식들이다. 주스나 물은 소중히 하지 않으면 안 된다. 정적. 남십자성이나 센터우루스 별자리에 손이 닿을 듯하다. 약간 떨어진 취락에서는 땅을 타고 캄보 소리가 전해져 온다.

갑자기 모닥불 저편에서 작은 빛의 점이 움직였다. 둘러보니 우리들은 어렴풋하게 움직이는 수많은 빛들로 둘러싸여 있는 것이 아닌가. 내 몸은 얼어 붙었다. 사자인가, 표범인가. 뭐든 간에 싸울 무기는 없다. 움직이지 않는 편이 좋다. 그래도 불을 키우지 않으면 안 된다. 하지만 기다려. 냉정해져야 한다. 타잔도 인디애나 존스도 이런 위기 상황에서는 재치로 고비를 넘기지 않았던가.

다시 한번 살짝 주위를 살펴보니 우리들을 둘러싸고 있는 눈빛에는 어딘가 귀여운 구석이 있다. 새끼사슴이나 토끼의 눈빛에 가깝다. 하지만 식인종이면 어쩌나! 그렇다 하기엔 눈높이가 좀 낮고, 어렴풋한 움직임에는 천진난만함이 있다. 그렇다! 모닥불이 비춘 아이들의 눈이다. 쿠마 켄고! 타케야마 키요시! 안심해도 된다. 저건 아이들이다.

어떤 캠프에서든 꼭 아이들은 모닥불을 피워놓은 우리들을 둘러싸고 아침까지 기다린다. 그리고 우리들의 출발과 함께 남겨진 병이나 빈 캔을 서로 차지하려 다투는 것이었지만 아프리카의 아이들은 어디서 왔는지도 모를 우리들을 밤새 지켜주고 있었던 것이었다.

1979년, 마지막 세계취락조사의 빛나는 눈동자들의 야경이다.

하라 히로시^{原 廣司} | 건축가

바르셀로나

점과 선을 빛으로 그린다

이 도시는 모뉴먼트 배치의 달인이다.
자동차를 운전하고 있어도 한가로이 산책을 하고 있어도
도처에서 잊을 수 없는 거리의 상징과 만나게 된다.
밤이 되면 빛은 더욱 많은 기억장치로 연결되어 개성적인 빛의 투시도를 만든다.

스페인은 한 나라가 아니라 할 정도로 다양한 문화와 사람들의 생활이 혼재해 있다. 바스크, 카탈로니아, 마드리드……. 어디를 보아도 음식도 사람들의 기질도 다른듯 하다. 거리야경에 있어서도 마찬가지다. 수도 마드리드와 바르셀로나만 비교해봐도 그 차이가 역력하다. 마드리드에서는 구시가지를 제외한 거의 모든 길가에 획기적인 조명기법을 도입하고 있다. 약 10m 간격으로 서 있는 폴등의 차도용 조명과 우유빛의 보도용 글로브박스 조명. 그에 비해 바르셀로나는 자유로운 해석으로 거리나 광장의 개성을 살리고 있으며, 각각에서 다양한 조명기법이 보인다. 거리는 이처럼 실험적으로 만들어가는 것이다라고 말하기라도 하는 것같다. 물론 바르셀로나 쪽이 더 흥미롭다.

사람을 위한 길과 자동차를 위한 길

바르셀로나의 거리를 천천히 거닐어 봤다. 그리고 렌터카를 몰아 거리 곳곳을 달려도 봤다. 거리는 보행자의 시선과 자동차 운전자의 시선을 모두 만족시키지 않으면 안 된다는 것을 깨달았다. 바르셀로나는 양쪽의 균형이 잘 잡혀있다. 사람에게 적합하게 설계된 간판이나 벤치, 나무와 같은 스트리트 퍼니처뿐 아니라 낮은 위치의 조명기구에서 흘러 넘치는 불빛 등이 걷는 이들의 마음을 사로잡는다. 그런가 하면 곳곳에 특색 있는 빛의 랜드마크나 광장의 불빛이 배치되어 있으며 원근감이

앞쪽. 나시오날(nacional) 궁전 위로 크세논 투광기에 의한 선광이 밤하늘에 방사선을 그리고 있다. ❶

◀ 해안도로(우측)는 버스를 위한 도로, 람브라스 거리는 사람을 위한 도로. 자동차와 사람을 색온도로 나눈 모습이다.

살아있는 개성적인 대로도 운전자의 스트레스를 완화시켜준다. 그러므로 밤이라도 거리를 운전하기 편한 것이다.

도시의 개성과 빛의 상징성

균일화된 거리풍경은 때로는 불안감을 안겨준다. 어디를 가도 비슷비슷한 풍경이어서는 자기가 위치한 장소에 대한 인식이 엷어져 버리기 때문이다. 길을 걷거나 운전을 하거나 할 때에는 그 장소와 방향성을 인식할 수 있는 무언가를 필요로 하는 것이다. 이러한 장치 중 가장 알기 쉬운 것은 랜드마크를 만드는 것이다. 탑이나 모뉴먼트, 특징적인 건축물이나 광장, 로터리, 가로수나 큰길 등도 있다. 물론 밤이 되면 어둠에 싸인 랜드마크들을 빛으로 연출함으로써 한층 더 특징적인 것으로 만들 수 있다. 바르셀로나 곳곳에는 이러한 상징적인 빛들이 살아있다. 전체적인 통일감만을 추구하는 듯한 근대의 도시만

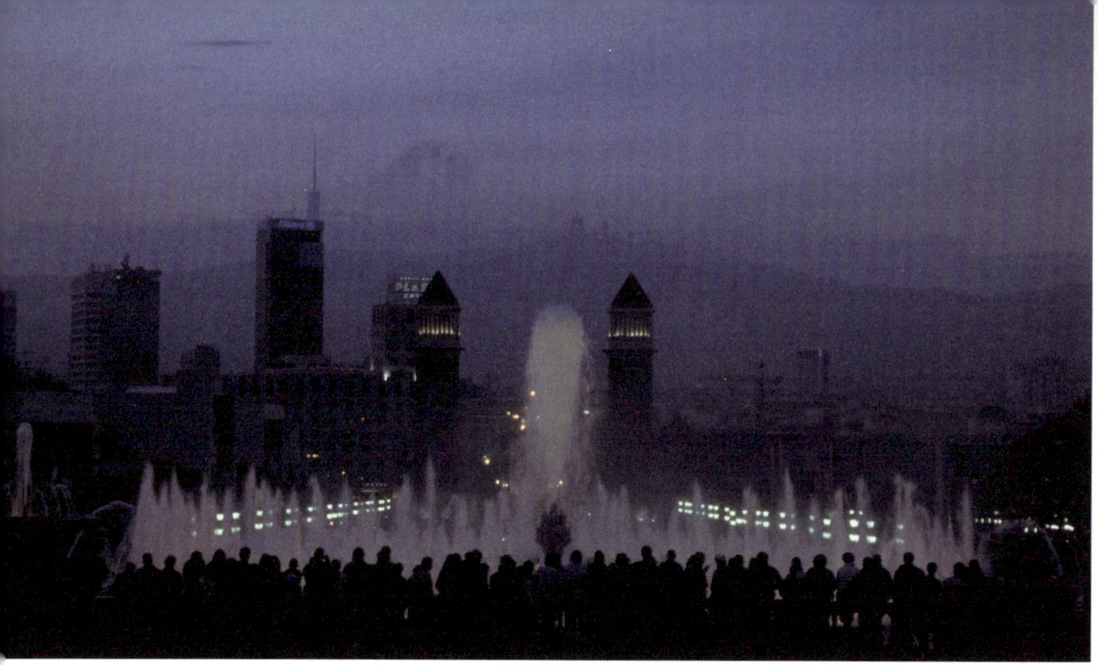

▲ 나시오날 궁전 앞에서 스페인 광장 쪽을 바라보다. ❸

들기와는 달리 언뜻 보기에는 제각각인 것 같지만 그것 또한 이 도시의 개성인 것이다.

점과 선의 합성물

바르셀로나에는 점과 선으로 만들어진 빛의 표정이 매우 잘 녹아들어 도시를 연출하고 있다. 주요 교차로에는 모뉴먼트가 배치되어 있으며, 그곳과 이어지는 길들에도 개성적으로 원근감 있게 그려져 있어 특징적인 선형을 이루고 있다. 그렇게 점과 선으로 연출하고 있는 대표적인 예가 나시오날 궁전 위에

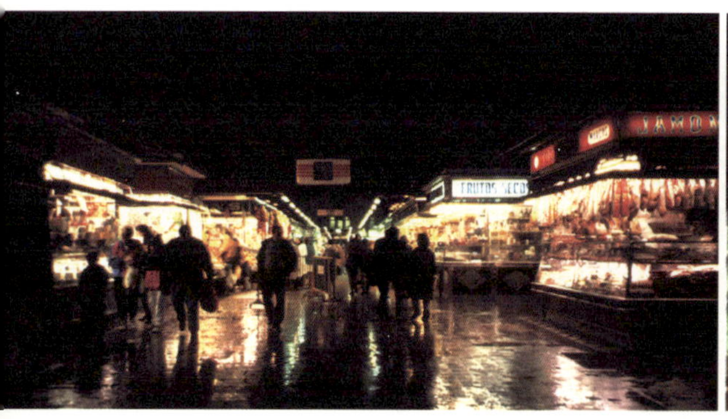

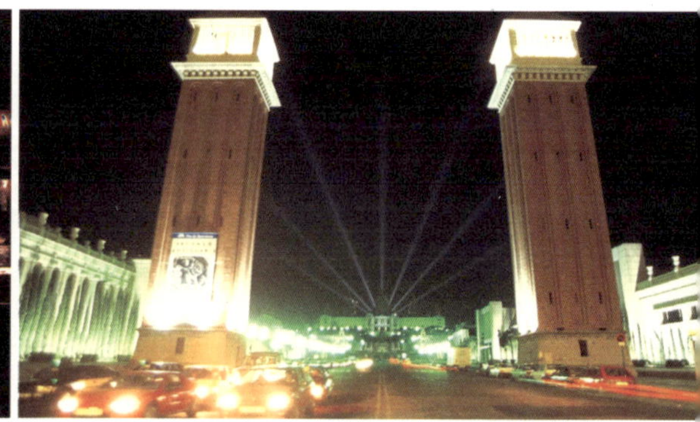

1 바르셀로나 항. 빛의 아트가 눈을 매료시킨다.

2 스페인 공업공원 물가의 조명. 너무도 눈부시게 하얀 빛이 넘치고 있다.

3 몬주익 언덕의 분수.

4 그라시아 거리에 면한 호텔 Majestic의 밤.

서 상공으로 쏘아 올리는 크세논 라이트의 투광조명이다. 스페인광장에서 몬주익 montjuic 언덕을 바라다보면 궁전에서부터 방사선모양으로 빛이 달리고 있다. 이 정도로 강렬한 빛을 이용해 점과 선을 표현하고 있는 경치는 흔하지 않다. 또한 콜럼버스 기념비를 기점으로 하는 람블라스 거리에서는 길 중심을 보행자용으로 사용하고 있으며, 북으로 뻗은 콜럼버스 대로에서는 길 중심을 버스전용도로로 사용하고 있는데, 이것 또한 사람과 자동차 양쪽의 시선을 만들기 위한 궁리라 생각된다.

◄◄ 람블라스 거리 주변의 점포에서는 따스한 불빛이 넘쳐 활기차 보인다. ❹

◄ 스페인 광장에서 몬주익 언덕을 바라보면 중앙에 나시오날 궁전이 보인다. ❺

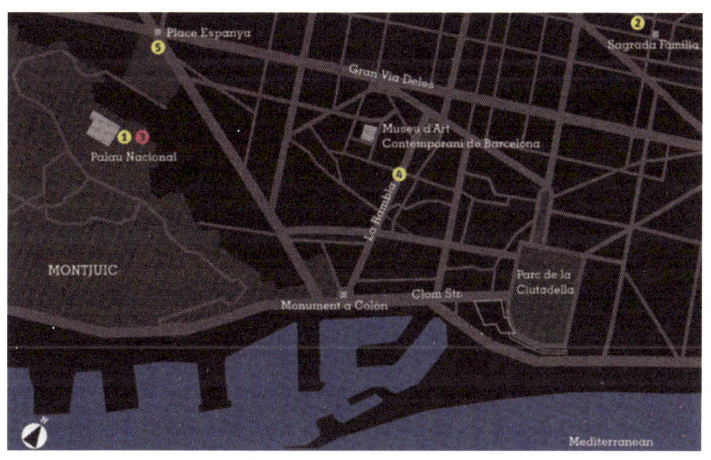

뉴욕

밖에서 바라보기 위한 야경

20세기의 그 누구나가 꿈꾸었던 전광장식의 불야성, 그것이 맨해튼이다.
사람들의 에너지는 찬란히 빛나는 야경으로 나타난다.
마천루의 불빛은 꺼질 줄을 모른다.
뉴욕야경의 아름다움은 무어라 해도 강 건너편에서 바라다보는 빛의 지평선이다.

맨해튼은 전 세계의 비즈니스맨들이 모이는 도시라 생각하고 있었지만, 전 세계의 관광객을 모으는 도시기도 한 듯하다. 단단한 암반으로 지탱되는 섬에 세워진 마천루의 도시다. 분명 20세기 말까지 뉴욕시티는 전 세계의 주목을 받았으며, 그 흥미진진한 야경은 전 세계 사람들을 매료시켰다. 뉴욕의 야경에는 도시의 에너지가 폭발하는 듯한 힘이 있다.

또한 20세기 말의 조명기술, 다운라이트의 광학제어기술, 뮤지컬을 중심으로 한 조명기술까지 가세해, 조광제어방법 및 기술, 신광원의 디지털제어 등도 이곳에서 태어나 자라났다. 20세기를 압도한 뉴욕의 야경이란 과연 어떤 것일까?

앞쪽. 엠파이어스테이트 빌딩에서 내려다 본 맨해튼의 저녁 풍경. 단단한 암반에 바둑판을 그리는 스트리트(Street)와 애버뉴(Avenue). 하얗게 빛나는 RCA빌딩, 황금색 5번가, 꼭대기가 세련된 크라이슬러 빌딩도 보인다. ❶

▲ 입체적인 빛의 면으로 둘러싸인 타임스스퀘어. 다채로운 빛의 신기술을 구사해 흥미진진한 빛의 변화를 연출하고 있다. ❷

찬란한 파노라마

뉴욕의 야경을 평가한다면 무어라 해도 강 건너에서 바라본 도시의 파노라마다. 이스트 강 너머 퀸즈나 브루클린에서 바라보거나 허드슨 강 건너편 뉴저지에서 바라보는 것이 좋은데 양쪽 다 매력적이다. 오버랩되어 보이는 마천루가 각각의 지평선을 구성해, 보는 지점에 따라 그 찬란함의 특징을 조금씩 변화시키고 있다. 오피스빌딩이 차지하는 비율이 높으며 외부장식 자재도 유리나 철재가 대부분이므로, 빌딩측면이 빛나는 것은 투광조명 때문이 아니라 창에서 새어 나오는 오피스 실내조명과 빌딩 꼭대기를 연출하기 위한 빛 때문이다. 특히 강을 끼고

있는 야경은 물가에 빛이 반사되어 한층 드라마틱하게 비춰진다. 결국 맨해튼에 살고 있는 사람들은 이렇게 아름다운 경치를 즐길 수 있는 혜택을 누리지 못하고 있는 것이다.

▲ 허드슨 강 너머 뉴저지주 서쪽에 있는 맨해튼의 불빛을 바라본다.

조감(鳥瞰)하면 빛의 강이 보인다

야경을 감상하기에 좋은 또 한 곳이 엠파이어스테이트 빌딩 전망대다. 이곳에서의 야경은 360도. 한겨울 찬바람부는 거친 날이 가장 알맞다. 그렇지만 여기서 내려다보는 야경은 기대하는 것처럼 그다지 밝지는 않다. 일본의 대도시처럼 쓸데없는 빛을 잔뜩 하늘 위로 쏘아대지는 않는다. 소위 말하는 번화가의 옥상네온 같은 것을 볼 수 없기 때문이다. 빌딩옥상은 검은 실루엣이고 그 아래의 애버뉴나 스트리트에는 빛의 강이 흐르고 있는 것처럼 보인다. 도로조명의 빛이 노면에 부딪혀 그 반사광이 밑에서부터 빌딩외곽을 비추고 있기 때문이다.

1 수퍼디스코는 뉴욕의 상징.

2 겨울의 록펠러 센터에는 거대한 크리스마스 트리가 장식된다. ❸

3 엠파이어스테이트 빌딩은 맨해튼의 명물. 정상의 전망대가 압도적이다. ❹

4 록펠러 센터에 면해 라이트업되고 있는 RCA빌딩. 주위의 빌딩 옥상보다 훨씬 새하얗게 비춰지고 있다.

초고층, 하지만 안으로 들어가면 보통 길거리

초고층 옥상에서 내려다보든가 강 건너에서 바라다보든가……. 그렇다면 맨해튼 안에 살고 있는 사람들은 굉장히 손해를 보고 있는 것이다.

그렇다. 한 번은 센트럴파크 남쪽에 위치한 호텔에서 공원 전경을 볼 기회가 있었는데 그것은 매우 드문 일이다. 보통 고급맨션에서조차도 상쾌한 조망을 바라기는 어렵다. 하물며 노

면에서의 시점을 고려한다면 어디를 봐도 바둑판처럼 획일적인 것이다. 브로드웨이가 교차하는 타임스스퀘어조차도 도쿄의 시부야澁谷나 신주쿠新宿, 오사카의 도톤보리道頓堀에 비하면 열등한 경치라 하지 않을 수 없다. 초고층빌딩군의 밑면에 좀 더 도시 디자인에 대한 궁리가 있었으면 하는 마음이다.

◀◀ 밝게 빛나는 하이든 천문관은 정사각형의 라이트큐브 안에 들어 있다.

▲ 9.11의 비극을 진혼(鎭魂)하기라도 하는 듯 두 줄기 빛이 하늘로 뻗어 있다. ❺

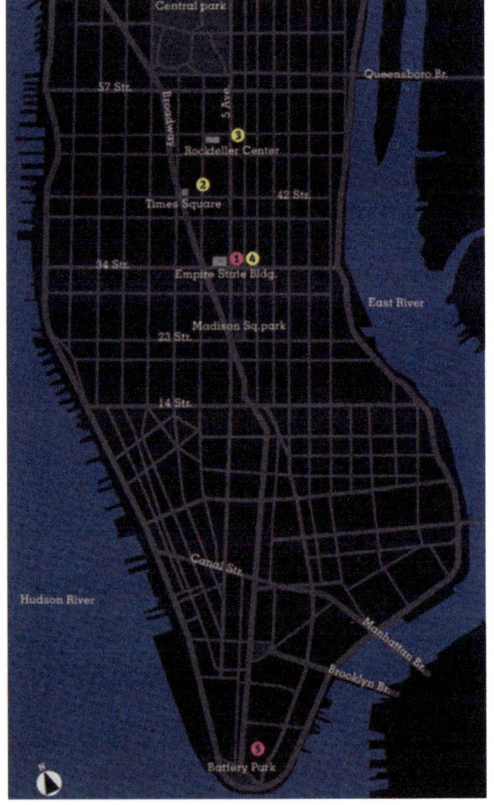

사과도 파는 파출소

　내가 뉴욕에 살고 있던 80년대 후반은 지금처럼 치안이 좋지 않았던 시대로 밤마다 경찰차와 구급차의 사이렌 소리를 자장가 삼아 잠들곤 했다. 아티스트였던 친구가 할렘가에 아틀리에를 가지고 있었는데, 그곳의 창문에는 어디선가 튕겨온 총알에 맞아 구멍이 나 있었고, 그리로 불어 들어오는 바람이 시원했다. 내가 살고 있던 아파트 근처의 1번가와 14번가 지역의 지하철역에서는 때때로 머리에서 피를 흘리며 쓰러져있는 사람이 있었는데 그것이 자신이 아니란 것에 가슴을 쓸어내리곤 했다.

　자주 술을 한 잔 하러 걸어서 가고는 했다. 맨해튼의 첼시Chelsea에 살고 있으니 단골집이 서넛쯤 있는 것은 당연하다. 마음에 드는 바가 도보 30분 거리인 이스트 빌리지East Village에 있었다. 택시비까지 다 마시느라 써버리고 주머니 속에 남은 것이라고는 동전뿐일 때는 걸어서 집으로 돌아갈 수밖에 없다. 아직 길은 어둡다. 해가 뜨려면 아직 한 시간은 족히 남은 시간이다. 집까지는 제일 빨리 가면 30분 거리지만 굳이 길을 돌아 50분 걸려서 귀가한다. 내 몸을 지키기 위해 24시간 영업을 하는 한국인 식품점 앞을 지나서 돌아가는 귀가코스를 미리 정해둔 것이다. 그곳은 사과도 파는 파출소였던 것이다. 어두운 밤 맨해튼에 불이 켜져 있는 식료품점의 불빛에는 은혜로움이 있다. 미명의 시간에도 아파트로 돌아가는 길은 밝았다. 불빛이 없으면 야경은 보이지 않는다. 가게 주위만 환하게 빛나고 있던 맨해튼의 밤길이야말로 내게는 잊을 수 없는 야경이다. 그것은 사과도 팔고 있는 야경夜警의 기억과 세트로 남아 있다.

시마다 마사히코島田 雅彦 | 작가

시카고

쓸데없는 빛과 현명한 빛

오렌지색으로 빛나는 평지가 지평선까지 이어진다.
매서운 바람을 이겨내고 있는 시카고의 야경은
일찍부터 이 고압나트륨램프 일색이었다.
방범용 불빛이 시대와 함께 서서히 늘어 온 반면 옥외조명기술은 일찍부터 성숙해 있었다.

시카고에는 너무도 강인하고 폭력적인 빛과 납득할 만큼 합리적이고 현명한 빛이 공존하고 있어 재미있다. 한편에서는 빛을 소중하게 반사경으로 제어 분배하며 그 눈부심 정도에 세심한 주의를 기울이고 필요한 장소에 필요한 만큼의 빛을 비추는 기법을 사용하고 있음에도 불구하고, 다른 한편으로는 말도 안되게 파워풀하기만 한 라이트업^{투광조명} 불빛이 시카고의 밤하늘을 신기루처럼 비추고 있다. 19세기 말 세계에 앞서 고층빌딩화한 시카고니만큼 도시의 발전은 빛의 양에 비례하고 있었음에 틀림없다. 게다가 일찍부터 고압램프를 사용해 오렌지색 야경을 만든 것도 시카고다. 밝음으로 범죄를 해소하려 한 것도 시카고다.

오렌지색 야경의 대표선수

시어스 타워_{Sears Tower} 103층에 있는 전망대에서는 지상 400m의 파노라마를 한눈에 볼 수 있다. 카메라 한 대를 삼각대에 고정해두고 낮과 밤이 교차하는 순간, 거리의 불빛이 하나

◀ 존 행콕 센터 아래쪽 하이 마스트 조명은 기능적이며 눈부심이 없다.

▲ 스테이트 스트리트에는 효율적인 가로등을 활용해 밝고 균일한 환경을 만든다. ❶

둘 늘어나는 모습을 5분 간격으로 찍어 기록한다. 이 방법은 야경자료를 만드는 가장 기초적인 방법이다. 간단하게 프로급의 사진을 수집할 수 있다. 저 멀리 지평선까지 뻗은 퍼스펙티브한 풍경이 눈 깜짝할 사이에 오렌지색 농장처럼 따스한 색으로 물들어 간다. 90% 이상이 고압나트륨램프의 오렌지색으로 신기루처럼 피어오르는 도시의 공기마저도 오렌지색이다. 일본의 도시조명이 수은등의 하얀 빛으로 물들어 있는 상황과 좋은 대조를 이룬다. 하얀 빛은 긴장감을 갖게 해주고 따뜻한 색 빛은 마음을 편안하게 해준다는데, 시카고의 밤은 얼마나 마음을 편안하게 해주는 걸까.

빛나는 기체, 밝은 노면

조도계를 100% 활용해 상공의 빛과 노면의 빛의 강도를 측정해보았다. 시카고의 밤은 비정상적으로 환하다. 우선 시어스 타워 노면에 조도계를 수직으로 세워 지상 400m의 연직면 조

도를 측정했다. 우와, 서쪽이 1.5럭스, 남쪽은 3.5럭스나 된다. 1.5럭스는 상공을 비추는 정상적인 불빛이지만 3.5럭스는 근처 빌딩들의 밝기에도 영향을 받고 있는 듯하다. 그렇다고는 하지만 비상시에 필요한 조도가 1럭스인 점을 감안한다면 시카고는 항상 상공 400m까지 안전보장이라도 되고 있다는 말인가. 전혀 필요 없는 헛된 빛으로 충만해있다고도 할 수 있다. 다음은 지상으로 내려와 도로 폭 45m인 스테이트 스트리트를 측정했다. 약 15m 높이의 컷오프 타입 가로등의 바로 아래가 75럭

1 시카고 오헤어 공항의 연결 통로는 마치 네온 아트 갤러리 같다.

2 워터타워와 존 행콕 센터를 중첩시켜 보다. ❸❹

3 야간의 미시간호를 배경으로 찬란히 빛나는 초고층빌딩들.

4 스테이트 스트리트 극장의 외관장식.

▲ 지상 약 400m의 시어스 타워의 103층 전망대에서 찍은 정점고정 사진. 변화하는 도시의 불빛을 각각 왼쪽부터 오후 8:45, 8:55, 9:05, 9:30 촬영. ❷

스, 차도 중앙은 50럭스, 보도 가장자리 부분이 25럭스의 높은 조도는 마치 대낮을 재현해놓은 듯하다. 이렇게 밝게 해서 좋아할 사람은 경찰관뿐이지 않을는지.

광학제어, 눈부심 제거의 우등생

한편 고개가 숙여질 만큼 세심한 배려라 할 수 있는 것이 존 행콕 센터John Hancock Center와 워터 타워 플레이스Water Tower Place의 주변이다. 옥외조명의 모범이라 할 만한 멋있는 무광해無光害 조명설비가 있다. 그 조명기법은 Technical High-mast등이라고 할 만한 것이다. 약 20m 높이의 폴등이 몇 대 쭉 서 있다. 머리부분에는 사각형 케이스에 들어 있는 많은 광원들이 필요한 방향을 향하고 있다. 물론 눈부심은 없다. 마치 "이 부근에 필요한 밤의 경치는 내가 만든다"고 말하고 있는 듯한 권위가 느껴진다. 아, 이처럼 스케일 아웃하면서도 효과적인 방법도 있구나.

라스베이거스

기술을 겨루는 빛의 엑스포

사막에 빛의 섬이 떠 있다.
라스베이거스의 조명기술은 멈출 줄 모르고 매일 진화한다.
사람의 마음을 끌고 눈을 사로잡으려면 어떻게 해야 하는가?
매력적인 빛의 장치란 무엇인가?
이곳에서는 낮과 밤이 뒤바뀌고 누구나 체내시계가 제대로 작동하지 않게 된다.

특히 90년대에 들어 라스베이거스는 갬블시티에서 패밀리 엔터테인먼트까지를 포함하는 종합 어뮤즈멘트 시티로 크게 변신하였다. 컨벤션을 유치하고 라스베이거스에서 두근거리며 보내게 될 며칠간을 기대하는 관광객들을 만족시키기 위해 빛의 디자인에 있어서도 빛의 양으로만 압도하는 것이 아니라 서로가 다양한 환경조명기술을 겨루게 되었다. 전 세계의 디자인테마를 끌어 모은 카지노호텔 건설 붐은 도시를 무대화하여 무대조명기법을 환경조명 분야에까지 전개하려는 듯이 보인다. 그렇다면 미묘한 무대조명기법은 얼마나 항구적으로 도시 속에 녹아들 수 있을 것인가. 라스베이거스는 언제나 빛의 박람회 상태다. 기술은 단련되지만 마음을 다잡기에는 어려울 듯한 생각도 든다.

사막에 떠 있는 빛의 섬

도시 전체를 조감하기에 좋은 곳이 스트라토스피어 타워 Stratosphere Tower다. 이곳에 올라 지상 270m 높이에서 북쪽방면 약 6km나 뻗은 라스베이거스 대로 가의 라스베이거스 스트립의 전경을 사진에 담는다. 여러 가지 색으로 빛나는 보석을 쫙 깔아놓은 것 같은 야경이 펼쳐진다. 차도에서 조금 떨어져서 호텔건물들이 나란히 서 있고 그것들 하나하나가 개성 있게

앞쪽. 스트라토스피어 타워에서 바라다본 스트립의 호텔들. 사막에 출현한 빛의 우주기지 같다. ❶

▼ 베네시안 호텔(왼쪽)과 미라지 호텔(오른쪽)의 외관조명.

▲ 카지노에서는 24시간 내내 사람들이 슬롯머신을 향해 앉아 있다. 대낮에도 어두운 실내에서 시간감각을 잃는다.

라이트업을 받고 있다. 그 주위에는 고압나트륨램프 조명을 받고 있는 꽤 넓은 면적의 주차장이 있고 그 외는 드문드문 빛이 보이는 주택지가 이어지고 있다. 거기부터는 몇 줄기 도로불빛이 보일 뿐 주위에서는 갑자기 녹음이 사라지고 새까만 어둠 뿐이다. 마치 바다에 떠있는 작은 섬의 야경을 보고 있는 것 같다. 그렇다. 이곳은 사막. 빛의 오아시스가 그려져 있는 것일까.

유혹하는 빛, 끌어들이는 빛

이곳에는 사람의 눈을 유혹하는 빛의 함정이 잔뜩 있다. 우선은 자동차 안에 있는 사람들의 눈을 유혹하기 위한 거대간판으로 도로에 직교하는 방향으로 세워져 있으며 작은 것이라도 높이가 20m 정도는 된다. 철판으로 만들어진 표면에는 네온관과 백열등이 꽉 차 있으며 그것들이 쉴새 없이 깜박거리고 있다. 이것은 명백히 자동차의 시선을 빼앗기 위한 장치다. 다음으로 밤의 스트립을 오가는 보행자들의 시선을 유혹하기 위한 것이 보도에서 펼쳐지는 다양한 빛의 퍼포먼스다. 물론 무료며 약 15분 간격으로 해적 쇼나 화산폭발 쇼를 반복한다. 가스나 화약을 사용한 볼거리며 언제나 많은 관광객들이 그것에 몰입된다.

1 정면 현관 앞에 있는 파라솔의 일루미네이션이 특징인 웨스트워드 호 호텔 및 카지노

2 베네시안 호텔의 분수 쇼

3 호텔 서커스 서커스(Circus Circus)의 카지노 간판

4 큰 음향과 함께 불꽃이 피어오르는 미라지 호텔의 화산 쇼

5,8,9 길이 400m의 아케이드에 210만 개의 전구가 빛의 환상을 그려낸다 'The Fremont Street Experience' ❷

6 호텔 입구는 어디를 불문하고 일루미네이션 일색

7 'The Fremont Street Experience'의 보수 장면

라스베이거스는 24시간 잠들지 않는 도시지만 주야의 감각
이 뒤바뀌어 있다. 낮에 밖을 거닐면 덥기만 하고 재미없지만
밤에는 멋진 것들이 많아진다. 낮조차도 실내에서는 푹 가라앉

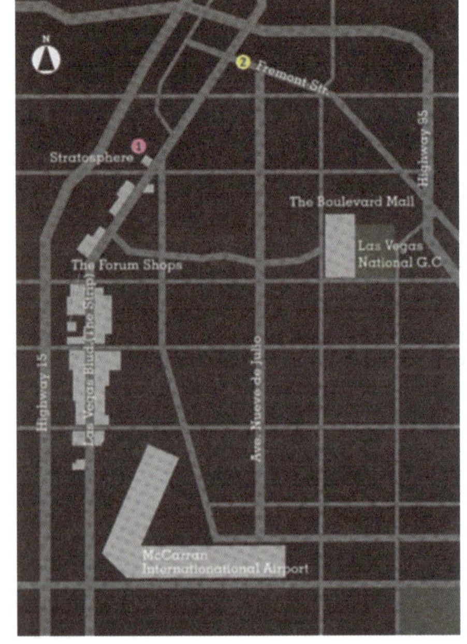

은 어둠 속에서 도박 삼매경에 빠져 있다. 또한 실내와 옥외의 명암이 반전된 상태다. 밤에 바깥 길을 거닐면 평균조도가 50 럭스나 되며 대낮처럼 밝게 느껴질 정도지만, 건물 안으로 한발 들어서면 그곳은 대부분 슬롯머신이 꽉 차 있는 카지노로 실내가 어둡게 되어 있다. 머신, 카드, 룰렛의 테이블 위는 밝게 빛나고 있지만 실내 전체적으로는 어둡게 만들어져 있다. 라스베이거스는 체내시계의 상태를 바꿔 버린다.

▲ 스트라토스피어 타워에서 라스베이거스 스트립을 바라보다.

빛은 귀속과 이별의 심벌

  비행 중 기내에서 보는 지상의 불빛에는 여러 번 여행을 해도 물리지 않는 매력이 있다.

  그 작은 불빛 하나하나에 생활이 있다는 것과 그 생활을 구성하는 인생 하나하나가 있다는 그런 생각이 들고 또 그 때에 자신이 안고 있는 사정, 심정을 겹쳐가며 착지하기까지의 시간 동안 독특한 여행을 경험한다. 이것은 나만의 일일까.

  조니 미첼이 70년대 초에 낸 앨범 '블루'에 밤 비행을 노래한 곡이 있다. 기장의 목소리가 착지 전의 라스베이거스의 빛을 가리키는 장면이 있다.

  소돔Sodom과 고모라Gomorrah에 비유되는 허영의 도시, 라스베이거스는 미국이기에 가능한 신기루 같은 도시로 예전에는 사막 저 편에 홀연히 나타나는 광경을 드라이버에게 제공해 왔다.

  21세기인 지금에는 각종 첨단기술을 구사해 호텔 자체도, 도시 전체도 테마파크화 되어 있는 것이니만큼 그 야경 또한 유일무이하다 할 수 있을 것이다. 가부간에 말도 없이 소비라는 문명의 열기가 달아오르고, 도박을 주제로 한 도시가 우뚝 솟아 보인다. 오히려 맑아 보일 정도다.

  비행기에서 생각에 빠져 바라보는 작은 불빛은 내게는 귀속과 이별의 상징이기도 했다. 돌아갈 곳이 있고 멀어져 가고 있는 장소가 있는 인생, 그것을 상징하는 듯한 도시의 불빛에 변화가 일고 있다.

코이케 카즈코小池一子 | 크리에이티브 디렉터

부에노스아이레스

다같이 밤새도록 즐기자!

남미의 파리를 지향했다는 부에노스아이레스.
시에스타의 탓도 있어 밤샘도 보통이 아니다.
낮으로 착각할 정도로 밝은 번화가도 있다.
이곳에는 남미 특유의 열기와 수상스런 카오스가 섞여 있다.

지구상에서 일본의 정반대 편에 위치하는 것이 아르헨티나 공화국이다. 그곳의 수도 부에노스아이레스의 사람들은 다들 밤샘을 한다. 스페인의 긴 식민지 지배에서 1853년에 독립할 당시부터 '남미의 파리를 지향해 온 것' 답게 비록 옛스러운 건물은 적지만 거리풍경에서는 도시계획의 편린들이 어렴풋이 느껴진다. 중심부 지도를 보면 일목요연하게 100m 간격의 바둑판 모양으로 도로가 나뉘어져 있다. 다른 라틴계 국가들과 마찬가지로 여기에도 시에스타의 습관이 있다. 상점도 사무실도 정오부터 3시까지 긴 시에스타를 갖는다. 그리고 일단 닫았던 레스토랑도 다시 밤 8시부터 문을 열고 밤늦게까지 영업을 한다. 밤에 친구나 가족과 외식을 하는 것이 무척 즐거운 것이다. 밤늦게까지 즐길 수 있는 거리의 풍경이란……

앞쪽. 알렘 거리의 밤. 약간은 어두운 듯하면서 확산되는 빛이 좋은 휘도와 리듬감을 준다.

▲ 건물에 달린 차양이 보도까지 덮어 반 옥외공간처럼 이어주어 밤에도 실내처럼 밝다.

▲ 대담한 네온으로 사람들을
모으는 게임센터

대낮처럼 밝은 번화가

플로리다 거리는 밤늦게까지 들떠 있는 이 사람들이 가장 좋아하는 번화가다. 낮에는 긴자 거리처럼 세련된 풍경이지만 밤이 되면 그것이 신주쿠의 가부키쵸처럼 흥분된 불빛으로 가득 찬다. 투광기가 가득 설치된 돌출형 간판, 간이매점의 불빛, 그리고 가게 앞에 넘쳐나는 불빛의 영향으로 노면의 조도는 무려 200럭스나 된다. 옥외라고는 생각하기 힘든 밝기다. 그리고 밤이 깊을수록 배회하는 사람들의 연령도 낮아지고 열기와 함께 수상스런 소년들의 모습도 하나 둘씩 보인다. 이렇게 밝은데도 무언가 수상한 분위기가 떠돌기 시작한다. 범죄는 조명과는 관계없는 것일까.

◀ 네온간판조명의 화려한 불빛이 넘치는 라발레 거리. 밤 8시경부터 부에노스아이레스의 밤의 얼굴이 나타나고 거리는 새벽까지 활기가 넘친다.

▶ 길 뒤편에서는 고압나트륨 램프가 사용된다.

폭 144m, 세계제일의 큰길

남북을 2km에 걸쳐 통과하는 '7월 9일 대로'의 최대 폭은 144m로 세계최대의 대로다. 도로 단면도를 보고 놀라는 것이 상하 23차선, 나무그늘을 만드는 가로수, 양측의 산책로가 넉넉히 계획되어 있다. 노면조도는 20~70럭스로 파리의 샹젤리제와 거의 같은데 도로 폭은 약 2배다. 노면을 비추는 폴등도 원래 30m 정도 높이의 것이 필요한데 그것의 반인 15m 정도의 것으로 하고 배등간격을 25m로 좁게 했다. 게다가 조명기구에는 400와트^{watt} 클래스의 것이 2개가 들어 있어 여기에서도 '잔뜩 밝혀져 있구나'라는 느낌이 세계제일이다.

유럽의 도시도 규제를 완화하면……

아르헨티나에서는 유럽계 이민이 90%를 넘는다고 한다. 공화국이 되어 '유럽의 거리풍경을 지향했다'는 것은 1915~1940

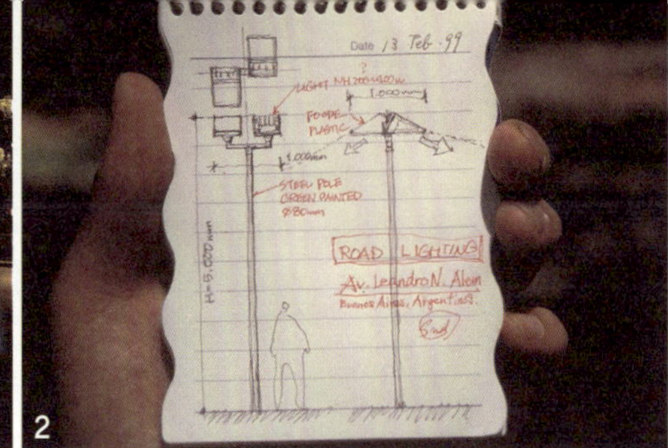

1 밤 경치에 활기를 더하는 것은 버스 정류장의 간판.

2 알렘 거리의 폴등 스케치.

3 밤의 간이매점은 거리의 등불.

4 간이매점에 질세라 자리를 차지하고 있는 꽃집.

년의 부에노스아이레스 사진집에서 잘 알 수 있다. 파리나 런던과 흡사한 거리풍경이 찍혀 있다. 하지만 그로부터 반세기 이상이 지난 이곳에는 일종의 아시아적인 혼돈까지 삽입되어 있는 듯하다. 거리풍경보존 및 상업광고규제 등의 속박이 없으면 거리에는 잡초처럼 생겨나는 인간냄새가 자연스럽게 배어든다. 너무나 많은 조명기구도 대낮같은 심야의 번화가도 자연스러운 인간의 냄새일까. 지구 반대측에서 똑같은 빛의 카오스를 발견하고 생각에 빠져들게 된다.

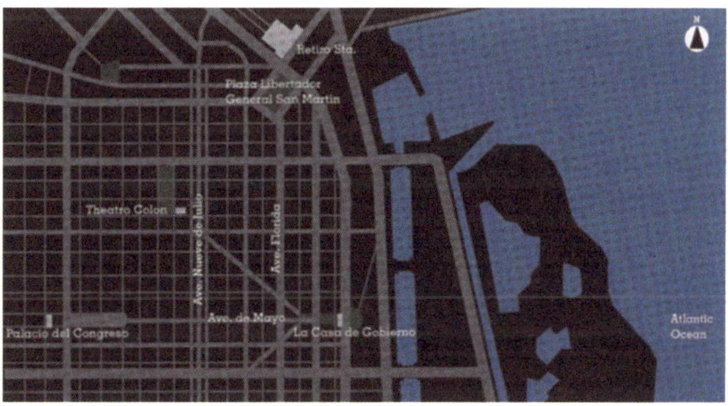

시드니

물가의 엔터테인먼트

아름다운 밤의 물가는 이 관광도시의 자존심이다.
시드니는 2000년 올림픽을 계기로 다시 기어를 바꿔 달았다.
밤에 물가를 배경으로 한 그림엽서가 많이 있는 것은 보이는 것이 확실하기 때문일 것이다.
시드니에는 물을 끼고 조망할 수 있는 곳이 풍부하다.

세계 유수의 아름다운 항구 도시 시드니. 수많은 물가지역 재개발의 성공은 세계로부터도 주목을 받았다. 오페라 하우스, 하버 브리지 등의 경관을 연출하는 랜드마크가 물가에 적당히 배치되어 있어 그것을 바라 볼 수 있는 미세스 맥콰이어리 포인트와 같은 절호의 조망장소가 마련되어 있다.

앞쪽. 오페라 하우스. 하버 브리지를 한눈에 볼 수 있는 미세스 맥콰이어리 포인트에서의 전경. ❶

▲ 찬란한 조가비, 오페라 하우스. 투명 글로브의 폴등이 물가의 경치에 통일감을 준다. ❷

물가의 엔터테인먼트

물가지역은 엔터테인먼트 조명의 좋은 예다. 특히, 물을 끼고 시선이 교차하는 달링 하버에서는 도시 속의 무대와 그것을 바라보는 객석을 쾌적한 빛이 감싸고 있다. 밤늦게까지 사람들이 휴식을 취하기 위해 모여드는 장소로서의 기능을 한다. 물가에 활기를 더해주는 데 있어서 빼놓을 수 없는 컬러조명에는 네온튜브를 많이 사용하고 있다. 이 물가의 경치에 통일감을 만들어주는 것이 투명한 폴리카보네이트의 진주 글로브 폴

▲ 주말에는 오페라 하우스 주변의 텐트에 사람들이 모여든다. 화려한 컬러조명이 활기찬 분위기를 연출한다.

등이다.

이 투명 글로브 안에는 여러 종류의 광학 반사경이 들어있어 다양한 빛의 연출을 선택할 수 있게 되어 있다. 물론 광원은 아랫부분에 설치되어 있어 그 존재를 감추도록 고안되어 있다. 심플한 모양의 기구에 고도의 조명제어기술이다. 성숙한 도시의 증거라 할 수 있다.

다기능 폴등

물가에서 초고층빌딩 무리 사이로 한발 들어서면 그곳은 정연한 도시의 얼굴이 된다. 시내 중심부 중에서도 마틴 플레이스에서 남쪽 방향으로 뻗어 있는 메인 스트리트가 조지 스트리트와 피트 스트리트다. 이곳을 축으로 해서 상업지구가 형성되어 있다. 메인 스트리트가 정연해 보이는 데에 한몫하는 것이 전부 같은 형식이면서 배너가 부착된 알루미늄 압축 폴등이다.

보통 1등식 외에 큰 교차로에서는 헤드가 2개 달린 조명이 노면을 비춘다. 한 대로 조명, 교통신호, 안내판, 광고용 배너를 겸하는 다기능 폴등이다. 보도 폭 18m, 차도 폭 10m에 28m 간격으로 양쪽 가장자리에 마주보도록 설치되어 보도면에서 100럭스의 높은 조도를 내고 있다.

▶ 조지 스트리트에 면한 퀸 빅토리아 빌딩의 야경. 로마네스크 양식을 도입한 건물이 라이트업을 받아 아름답게 떠오른다.

▲ 조명을 받은 달링하버 보트. 승선장의 다리가 사람들을 맞이한다.

흰빛이 밀려온다

이 폴등의 광원은 연색성이 좋고 색 온도가 높은 흰색 메탈 할라이드램프인 것에 비해 대부분의 건물 라이트업에는 연색

◀◀ 시내 메인 스트리트에는 조명, 교통신호, 배너 등을 겸비한 다기능 램프가 정연하게 서 있다.

◀ 시내를 달리는 모노레일도 시드니의 볼거리 중 하나다.

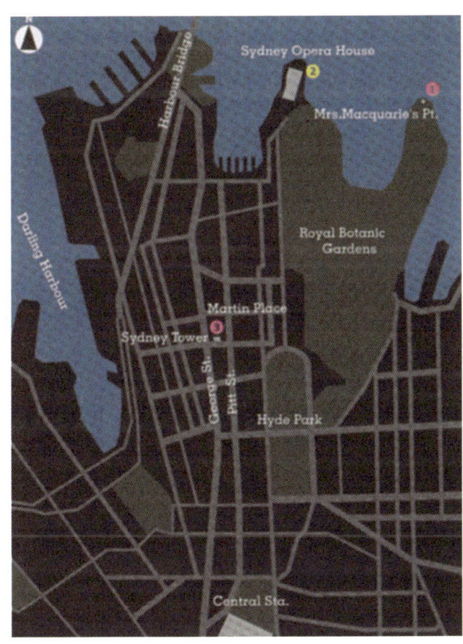

▲ 시드니 타워에서 달링 하버 방면을 내려다 보면 마치 흰빛이 밀려오는 것처럼 보인다. ❸

성이 그리 좋지 않은 오렌지색 고압나트륨램프가 사용되고 있다. 2000년 시드니 올림픽을 앞두고 도시 인프라 정비에 따라 폴등은 메탈할라이드램프의 흰빛에서 나트륨계열의 오렌지색 빛으로 교체된 것 같다.

시드니 타워에서 내려다 보면 종횡무진 달리고 있는 흰빛이 오렌지색 빛 사이를 누비며 밀려오는 것처럼 보인다.

건물 라이트업은 차양 위에 설치한 각진 투광조명으로 거칠게 표현하는 것이 주류인데, 조명기법에 관해서는 섬세함을 이야기할 만한 면밀함과 접할 일은 그리 없다.

뭄바이

늘어가는 모던 인디아의 빛

뭄바이는 도시 인프라가 건실하다.
끔찍한 교통사정과 식민지 시대의 기술이 만든 밝은 도로조명.
부와 빈곤, 농후한 빛과 그림자가 공존한다.

거의 인도 중앙에 위치한 뭄바이는 수도 델리와는 또 다른 대도시다. 고대도시의 역사를 지니는 델리에 비하면 영국의 지배 하에서 200년 가까이를 격동과 함께 발전해 온 상업도시기도 하다. 거리 여기저기에 인도의 혼돈을 남기는 경치도 볼 수 있지만, 무역, 경제, 문화의 중심이라 불리는 만큼 도시의 인프라는 의외로 튼튼하다. 정전이 많다는 델리와는 달리 원자력발전이 받쳐주고 있는 이 도시는 도로조명 같은 것도 제대도 정비되어 있으며 램프나 기구의 보수관리도 두루 미치고 있다.

작은 신호, 밝은 도로

예전에 뭄바이는 도서島嶼로 나뉘어 있었지만, 영국의 통치에 따른 개발로 19~20세기 사이에 매립 및 가교를 하여 현재와 같은 반도의 형태가 되었다. 주요한 구획 및 도로망도 그 때 계획 · 정비하였기 때문에 가로조명에도 영국의 기법을 농후하게 이어받은 것 같다. 영국은 세계적으로도 도로조명의 토대를 다진 나라로, 인도다운 자유분방한 분위기의 거리에도 밤이 찾아오면 근대합리주의적인 도로조명의 빛이 느껴지는 것은 이 때문이리라. 그러나 이곳의 교통사정은 끔찍하다. 자동차, 오토바이, 릭샤가 스칠 듯이 폭주한다. 인도인의 생활습관상 교통신호 같은 것은 필요하지 않는 것인지 어떤지 모르겠지만, 이 정도로 교통이 혼잡한데도 거리에는 교통신호가 절대적으로 적다. 그러니 밤이라도 되면 더더욱 위험하고, 도로조명이 정비되어 있지 않다면 진짜 말도 못할 지경이 될 것 같다. 인도인의 정력적인 밤의 생활도 이 식민지 시대의 조명기술이 지탱해주고 있다고 해도 될 듯하다.

백열램프가 의연하게 건투 중

　시장은 무어라 해도 중동의 명물이다. 이곳 뭄바이에서는 크
로포드 시장 등이 그 대표선수며 이 시장은 비교적 정비된 아
케이드 스타일을 하고 있다. 하지만 인도다운 카오스를 한층
방불케 하는 것은 그 주변 건물들 사이에 빽빽한 이름도 없는
상점들의 무리다. 처마를 늘려 건물 바깥둘레를 한층 더 확장
시켜서 작은 가게들이 복잡하게 뒤얽힌다. 가로의 반 이상을

점거하면서 들어차 있는 모습은 냄새와 함께 숨쉬고 있다. 숍 라이팅Shop Lighting은 아직 백열등이 주류며, 활기찬 분위기를 연출하는 데에는 발가숭이 알전구도 빼놓을 수 없다. 그 와중에 몇 개인가 하얀 빛이 있다. 역시나 새롭고 세련된 상점은 형광램프를 매달아 놓고 있다. 여기도 머지않아 누가 더 밝은가를 겨루며 형광등 천국으로 다가가지 않을까.

▲ '마린 드라이브'의 교차점. 나트륨램프를 사용한 종래의 오렌지색 불빛과는 대조적으로 교차점 부분은 메탈할라이드램프로 하얗게 비추고 있다. ❸

역시 '마린 드라이브', 그리고 담흑색 바다

카스트제도가 살아 있는 인도에서는 소위 말하는 도회지의 나이트 라이프는 일부 부유층만의 소유물이다. 습도가 높은 기후의 영향인지 서민들은 시원한 곳을 찾아 해변으로 모여든다.

▼ 나트륨램프의 불빛은 담흑색 아라비아해에 마린 드라이브의 선형을 부각시킨다. 포장마차가 즐비한 보도에는 사람들이 모여 낮과는 다른 활기를 띤다.

▲ 밤 시장은 빛의 도가니다. 원래부터 있던 폴등은 지붕 한참 위에 어슴푸레하게 켜져 있다.

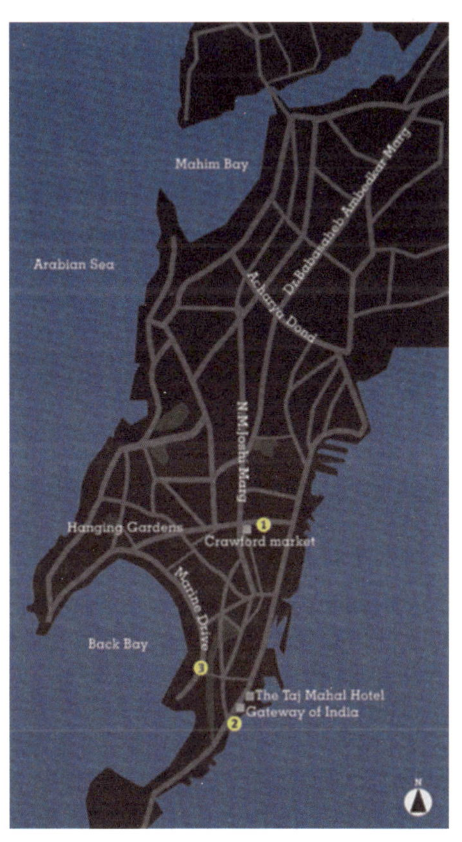

백만Back Bay은 아라비아해에 면한 사방 3km 정도의 작은 만으로 바다안개 속에 저무는 저녁놀이 아름답다. 만을 따라 나 있는 마린 드라이브는 중앙 분리대가 있는 훌륭한 왕복 8차선 도로며, 차도면은 평균조도가 20럭스를 넘는 밝기다. 해안쪽 보도도 밤에는 포장마차와 사람들로 성황을 이루고 있는데, 이곳을 거니는 이들은 이 도로조명의 빛을 받고 있다. 뭄바이를 대표하는 야경명소는 인도문과 타지마할 호텔이라고들 하지만 가장 뭄바이다운 야경은 이곳, 마린 드라이브의 밝은 차도를 배경으로 점점이 반짝이는 포장마차의 불빛과 이에 대비되는 담흑색 바다일 것이다. 이 야경에 깊은 감동을 받았다.

방콕

부처와 자유와 쾌락이 어우러져

거대한 상업시설의 개발이 계속되는 방콕은
불교와 근대가 어우러지는 듯한 야경을 보여준다.
세련된 현대건축, 고급 레스토랑과 쇼핑센터의 불빛.
하지만 바로 그 옆에는 노점상과 포장마차에 발가숭이 형광등이 넘쳐 난다.

아시아의 도시 중에서도 방콕은 언제나 가장 인기 있는 관광지로 손꼽히는 매력적인 도시다. 거리를 거닐어 보면 다양한 생활의 활력이 전해지며, 그곳에 사는 이들은 적당히 예의 바르고 맛있는 길거리 음식과 함께 최고급 레스토랑도 즐길 수 있다. 거리의 대부분이 혼돈과 소란으로 가득하지만 그와 함께 계속해서 발전하는 근대도시의 얼굴도 있다.

사원이 밀집해 있는 왕궁 주변, 매력적인 차이나타운, 비즈니스의 거점인 실롬Silom과 수리웡세Suriwongse 지구, 최고급 상점에서 떨이판매를 하는 노점상까지 들어차 있는 싸얌 스퀘어Siam

Square에서 라자담리Rajadamri 거리 주변, 그리고 고급주택과 외국인이 많이 보이는 쑤쿰잇Sukhumvit 거리 주변 등…… 다양하고도 특색 있는 도시의 표정은 그대로 빛 환경의 다양성으로 이어지고 있다.

부처를 비추다

무어라 해도 왕궁 주변이 관광의 중심이다. 저녁이 되면 각각의 사원과 왕궁을 비추는 조명이 켜진다. 수없이 많은 사원 Wat들이 밀집해 있는데, 왓포Wat Pho, 왓아룬Wat Arun, 왓프라케오

1 포장마차는 바로 곁에 있는 식당. 간판에는 형광등만이 사용되고 있지만 먹을 것을 보여주는 유리 진열장에는 백열등이 사용되고 있다.

2 보도교 아래쪽에 자리잡은 과일상.

Wat Phra Keo, 왓라캉Wat Rakhang 짜오프라야Chao Phraya 강가에서 보는 것이 압권이다. 수면에 그 불빛이 비추어 찬란함이 배로 증가된다. 금색으로 장식한 사원 외벽이 많아 할로겐램프 투광기를 많이 사용하지만 가끔씩 고압나트륨도 사용하고 있다. 대단한 조명기술을 사용하고 있는 것은 아니지만 땅거미가 내린 저녁 찬란하게 빛나는 부처의 오브젝트는 압도적으로 아름답다. 미인은 어떤 빛을 받아도 아름다운 것이다.

▲ 초고층 호텔, 반얀트리 옥상에 있는 스카이바에서 시내를 바라보다. ❷

스카이바에서 보는 360도의 호화야경

　방콕의 야경을 360도 한번에 즐기려면 호텔 반얀트리 옥상에 있는 스카이바에 가는 것이 좋다. 방콕에서 가장 품위 있는 수코타이 호텔 옆에 서 있는 초고층 호텔이다. 헬리콥터 착륙장heliport으로 써도 될 것 같은 옥상의 옥외공간을 그대로 바 – 레스토랑으로 쓰고 있어, 바람 적은 쾌청한 저녁에는 절경을 만끽할 수 있다. 석양이 초고층 빌딩의 옥상으로 떨어져간다. 서서히 거리에 불빛이 들어오기 시작하는데 불빛이 늘어나는 모습이 참 재미있다. 간선도로는 거의가 기능적인 고압나트륨 램프이므로 오렌지색 선이 그어진다. 그 주변으로 이어지는 좁은 길은 반드시 오렌지색은 아니다. 좁은 길은 주광색* 형광램프이므로 푸르스름한 선이 달린다. 띄엄띄엄 방치된 수은등도 보인다. 재미난 것은 최근의 고층건축은 각각 빛으로 치장하고 있다는 것이다. 외관이 빛으로 디자인되어 있다. 빨강, 파랑, 노

*주광색(晝光色): 조명에서 햇빛에 가까운 색

▲ 해질녘의 수상 시장. 방콕은 물과 함께 살고 있다.

◀ 이 길은 거의 전부가 음식을 파는 포장마차. 포장마차의 백열등으로 노면이 휘황찬란하게 밝다.

랑의 빛들, 거리가 온통 러브호텔 같은 빛으로 물들지 않았으면 하는 바람이다.

강과 길을 따라 숨쉬는 살아있는 빛

방콕은 해질녘부터 길가에 사람들이 넘쳐나기 시작한다. 길가에는 다양한 식재료 및 상품을 파는 가게가 늘어서고, 테이블과 의자가 놓여지고, 거리는 낮에서 밤으로 그 모습을 바꾼다. 그러한 연출에 있어 빼놓을 수 없는 것이 발가숭이 형광등과 백열등이다. 테이블 바로 옆에 그것도 40와트짜리 형광등이 종열로 디스플레이되어 있다. 손님을 불러들이는 역할과 테이블 조명의 역할을 겸하고 있다. 다들 즐거운 듯 마음을 열고 음식과 술을 즐기고 있다. 이곳에서는 눈부심도, 새하얀 빛도 사람의 기분에 전혀 나쁜 영향을 미치고 있지 않은 모양이다. 오히려 부담 없이 가볍게 들를 수 있는 빛의 아이덴티티란 이처럼 심플한 것일지도 모르겠다. 강가에도 쓸쓸해 보이는 흰색 보안등 불빛이 비친다. 가난의 상징처럼 보이기까지 하지만 그들은 전혀 신경도 쓰지 않는다.

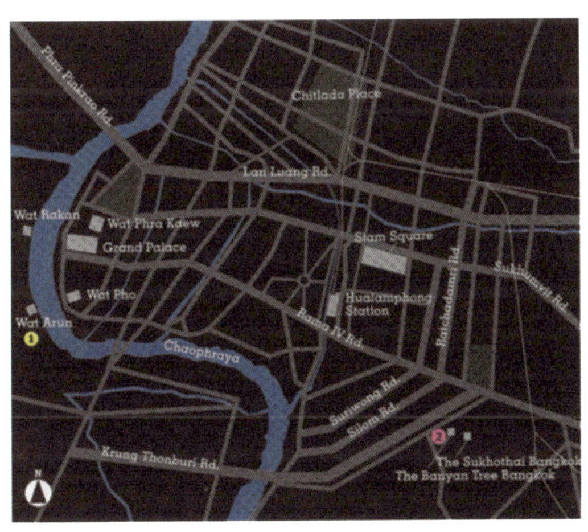

싱가포르

콜로니얼 도시의 아름다움과 추함

이곳은 도대체 아시아인가 서구인가.

싱가포르는 그런 생각이 들게 할 정도로 도도한 야경을 목표로 해왔다.

계절의 변화가 빈약한 언제나 여름인 도시를 근대화하는 데에는

에어컨과 조명이 불가결하다.

이 도시는 명확히 의도된 도시야경 창출을 목표로 하고 있다.

MARINA MANDA

이 도시는 정말로 청결하고 편리하게 살 수 있도록 만들어져 있다는 것을 실감했다. 일본의 시코쿠四國 정도의 크기로 300만 명 안 되는 국민이 살고 있다. 공항에서 20분 정도 달리면 거의 호텔에 도착하며, 심각한 교통정체도 없고, 길가에는 티끌 하나 떨어져 있지 않다. 전 세계의 맛있는 요리를 적당한 가격으로 만끽할 수 있다. 게다가 언제나 여름 날씨다. 1819년에 말레이시아로부터 분리 독립하였다. 그 후에는 눈이 휘둥그레질 정도로 급속한 발전을 이루고 있다.

분명히 식민지 도시의 성공예 중 하나다. 열대지역에 있으면서 빛 환경에도 영국적인 정취가 느껴진다. 전 세계로부터 저명한 건축가를 초빙해 도시만들기에 힘쓰고 있다. 아름답고 쾌적한 도시만들기…… 하지만 한편으로는 싱가포르를 테마파크 도시라고 혹평하는 이도 있다. 도시의 야경도 하룻밤의 박람회처럼 되지 않으면 좋으려만……

앞쪽. 밀레니아 타워에서 빅토리아 항구 방면을 바라보다. 아름답고 청결한 야경은 아시아 근대도시의 전형이다. ❶

▲ 강변 재개발이 진행된다. 보트선착장의 밤은 컬러조명으로 활기차며, 빛이 물에 반사되어 증량되고 상쾌한 움직임을 만든다. ❷

다민족 도시에 혼재하는 빛

　인구의 3/4이 중국인이며 그 외에도 말레이시아인, 인도인, 그리고 많은 일본인을 비롯해 아시아와 구미의 비즈니스맨들이 이 도시에 살고 있다. 오처드^{Orchard} 거리와 마리나^{Marina} 지역에서 볼 수 있는 유럽식 거리풍경, 차이나타운, 아랍스트리트, 리틀인디언 등 이곳에는 다양한 인종을 균형 있게 상징하는 도시구조가 마련되어 있다.

　빛 환경도 나름대로 인종 및 도시의 아이덴티티를 개성적으로 표현하고 있어 재미나다. 따뜻한 느낌의 간접조명을 사용하고 있는 도도한 레스토랑을 지나치면 돌연 거리에는 숨이 막힐 듯한 푸드코트의 백색 형광램프 물결이다. 아랍과 인디언 레스토랑의 무질서한 빛, 그리고 중화요리집의 북적거리는 조

명 등. 이 도시에 있으면 빛은 그곳에 사는 이들을 위해 존재한다는 것을 잘 알 수 있다. 다민족 환경 속에서 빛도 혼재한다.

시원함을 부르기 위한 빛?

밤까지 새하얀 형광램프를 달고 있는 주택은 일본뿐인가 하고 생각했었는데 그렇지 않았다. 이곳 싱가포르에서도 백색 및 주광색청백색 빛이 고급 콘도미니엄에 켜져 있는 일이 많다. 물론 가로등에는 수은등 사용이 적어졌고 고압나트륨램프를 주로 사용하고 있지만, 지하철역 같은 곳은 흰빛으로부터 해방되지 못한다. 흰빛은 낮 동안의 고온다습을 피해 시원함을 부르기 위한 것일까. 그것이 무엇 때문인지 잘 이해되지 않지만, 센트럴 지구에서는 일정 높이를 넘는 건축물 외벽에는 적극적으로 흰빛의 라이트업을 하도록 나라의 가이드라인이 만들어져 있다.

한여름의 크리스마스 일루미네이션

싱가포르에서는 매년 오처드 거리를 중심으로 상업지구에서 크리스마스 일루미네이션 경연을 열고 있다. 각각의 상업건축물 외관을 빛으로 연출해 상을 다투도록 하고 있다. 하지만 언제나 여름기후인 지역에는 겨울은 말할 것도 없지만 봄도 가을도 존재하지 않는다.

이는 아름다운 사계가 있는 곳에 사는 사람들에게는 기이한 일이다. 분명히 태양빛이 계절이 찾아오는 것을 알려주고 나무들이 모습을 바꾸고 먹거리나 의복도 바뀐다. 그것이 이 지역에는 없으므로 30도의 무더위 속에 징글벨이 울리고 산타클로스가 장식된다. 하지만 실내는 어디라도 에어컨으로 얼음창고 상태다. 이 인공적인 환경과 어디까지 친숙해 질 수 있을까.

▶ 전통 있는 호텔 래플즈 (Raffles)가 크리스마스 일루미네이션으로 꾸며져 있다

▲ 마리나 만을 사이에 두고 도시의 중심을 바라본다. 중앙에 따뜻한 불빛의 플러튼 호텔이 빛나고 있다.

빛의 행방

빛나는 태양빛은 어디를 향해 가고 있는 것일까. 저 멀리 우주 끝을 향하여 영원히 그 찬란함의 물결은 이동해간다.

도시와 숲은 매우 비슷하다. 중세 범죄자들은 숲으로 도망갔고, 지금은 도시로 도망간다고 한다. 거대한 수목으로 덮여있는 원생림, 천천히 성장하면서 반복해서 계속 변화한다. 도시의 건물도 속도의 차이는 있지만 변화해 가는 모양이 숲과 마찬가지다. 그리고 그 둘 모두 태양이 주는 빛과 함께 갖가지 표정을 보여준다. 도시를 찬미한다. 빛에 감사한다.

하지만 이 양자의 커다란 차이는 밤에 찾아온다. 숲은 스스로 빛나지 않는다. 야행성 동물들이 배회하기는 하지만 스스로 긴 휴식의 때를 맞이한다. 하지만 도시는 새로운 표정으로 우리들은 맞이해준다. 우후죽순처럼 빌딩이 밀집하고 증가하는 홍콩, 그 빌딩 하나하나의 디자인보다는 빌딩무리로서의 매력이 두드러졌던 도시로, 아시아 중에서도 내가 제일 좋아하는 도시의 하나다. 그리고 그 경박하고 튀기 좋아하는 빌딩들은 밤이라도 되면 격렬함을 더한다. 고밀도에 수직방향으로 뻗어 있는 이 도시는 하늘을 향해 수직방향으로 스스로 한층 더 빛을 발한다. 공항이전으로 몇 가지 규제가 없어졌으니 그 기세는 점점 상승해갈 것이다. 야경이라 하면 역시 홍콩의 백만 달러짜리 야경을 손꼽을 수 있다. 너무도 식상한 선택일지도 모르지만 쉬지 않고 변화를 계속해 온 야경이다. 하늘을 향하는 빛에 건배!

빛나는 태양빛은 어디를 향해 가고 있는 것일까. 저 멀리 우주 끝을 향하여 영원히 그 찬란함의 물결은 이동해간다. 이윽고 그 물결들은 우리들 마음속에서 꽃핀다.

아사카와 사토시 淺川 敏 | 사진작가

상하이

급성장 – 폭발하는 야경

'밤에 도시는 폭발한다' 는 생각이 들 만큼
화려한 야경은 발전하는 상하이를 세계에 알리는 선전이다.
하룻밤 사이에 단층연립주택들이 철거되고 근대건축이 출현하기도 한다.
빛의 문화를 논의할 새도 없이
도시는 빛의 홍수 속으로 잠겨 들어간다.

전 세계의 주목을 모으며 급성장을 계속하는 도시, 상하이에는 매일매일 증식하는 빛의 양과 기술이 소용돌이치고 있다. 지금 발전하는 상하이의 모습은 황포강 동쪽에 펼쳐진 포동신구의 초고층 빌딩들로 대표되는데, 이곳은 최첨단 조명기술의 실험장이기도 하다. 경쟁이라도 하듯이 라이트업된 빌딩 정상은 각각 개성적인 빛으로 가득하며 상하이적인 미래도시의 풍경을 만들어내고 있다. 2010년 이곳에서 열리는 세계박람회를 향해 지조 없는 빛의 증량이 계속될 것이다. 박람회까지 아직 6년이 남았다. 그때 상하이는 빛의 근대도시로서의 모범을 보일 수 있을 것인가.

전망대에서의 정점 관측

가장 세련된 명소로 알려져 있는 그랜드 하얏트 호텔의 전망대에서 탐정단이 좋아하는 높은 곳에서의 정점관측을 시도한다. 유리창에 비치지 않으면서도 거리 전체의 조감을 찍을 수 있는 위치에 삼각대를 고정시키고 해질녘부터 시시각각 변화하는 야경을 한 컷씩 찍는다.

앞쪽. 중국 각지에서 상하이를 목표로 사람들이 몰려든다. 발전하는 근대도시를 무시하고 캄캄한 밤 뒷길에는 발가숭이 전구가 매달려 있으며 무질서한 거리의 매력을 간직하고 있다.

1 하루가 다르게 발전하며 표정을 바꿔가는 포동신구.

2. 3 조계시대의 거리모습이 남아 있는 해변가의 건축물들. 화려한 라이트업이 눈에 두드러진다.

4 구시가지의 번화가 · 남경동로의 화려함. ❶

▼ 황포강을 끼고 포동과 구시가지를 조감하다. 왼쪽부터 오후 6:00, 6:15, 6:45에 촬영. ❷

아름다운 황혼 무렵부터 거리의 불이 들어오기 시작해 서서히 빛의 양이 늘어나고 심야 12시에는 딱 불이 꺼진다. 여기에서 보고 있으면 도시 전체에서 빛의 쇼를 하고 있는 것처럼 보인다. 자동차나 배의 불빛 등 움직이는 빛의 입자도 재미있다.

강의 동서, 신구의 라이트업 대결

라이트업에 열심인 곳은 강의 서쪽, 외탄外灘에 세워져 있는 조계시대의 건축물들이 원조다. 이곳에서는 주로 할로겐램프나 고압나트륨램프가 사용되고 있어 오렌지색 빛으로 가득하다. 그에 비해 강의 동쪽, 발전하는 포동지구를 보면 메탈할라이드램프 등으로 보다 샤프하게 연출하고 있는 빌딩이 많다. 강을 끼고 신구 라이트업 대결을 하고 있는 듯한 모습이다. 이것도 밤에 강변을 산책하는 관광객이나 젊은 커플들을 위한 연출 서비스다. 크세논 조명 및 레이저빔을 사용해 축제와 같은 분위기를 연출하는 라이트쇼 장소도 이곳 강변이다. 수면에 비치는 빛의 효과도 의식하고 있는 듯하다.

  거대한 빌딩의 라이트업만이 상하이의 야경은 아니다. 이곳을 밀라노나 바르셀로나로 착각할 것 같은 아담한 길목, 그것이 신천지다. 소위 말하는 디자이너즈 숍이나 유명 레스토랑이 즐비하며, 해질 무렵에는 더욱 분위기가 고조된다. 물론 할로겐램프나 전구색 형광등을 사용해 따뜻한 빛으로 통일하고 있으며 돌이나 벽돌로 된 외벽과도 잘 어울린다. 활짝 열린 창문에서 길로 새어 나오는 불빛도 한몫한다. 공통된 사인조명, 문 앞 펜던트 조명 등도 부드럽게 외관을 통일하고 있어 편안한 기분이 든다.

▲ 전통적인 중국 건축양식을 자랑하는 유유안의 밤. 중국에서는 친숙한 프린지(술장식) 조명이 곳곳에 설치되어 있다. ❸

▼ 세련된 상업시설인 신천지는 중국에 유럽의 거리가 출현하기라도 한 듯하다. ❹

카오스는 살아남을 것인가

　발전하는 현대 상하이에 신경 쓰지 않고 예전대로의 거리경
관을 진하게 남기고 있는 유유안 시장 남서 지역에는 발가숭
이 백열전구가 처마끝을 밝히는 서민의 생활풍경이 있다. 목조
2층짜리 주택이 처마를 맞대고 있고 수많은 송전선이 얽혀있
는 혼돈스러운 뒷길은 박력만점이다. 도도한 자태는 티끌만치
도 없다. 있는 것이라고는 상하이의 도시개발에 시달리는 서민
들이 밀집한 생활과 활력 있는 로맨틱한 불빛들뿐이다. 길가의
포장마차에 불빛이 들어오고 나면 집 안팎이 어우러져 길이라
는 공간이 거실이나 식당과 같은 공간이 된다. 이 멋지도록 중
국적인 혼돈은 언제까지 개발의 위협에 떨고 있어야 하는 걸
까. 이 땅에 새로운 타입의 혼돈을 디자인할 수는 없을까.

도쿄

공(功)과 죄(罪)가 한데 섞여 있는 초특대야경

높은 곳에서 보는 도쿄야경은 보석상자를 쏟아 놓은 듯하다.
밤 거리가 반짝반짝 빛나고 있어 그 나름대로 아름답기는 하지만,
지상으로 내려가 보면 반짝반짝은 번쩍번쩍으로 바뀐다.
고도성장야경, 효과적인 야경은 쓸데없는 빛이나 장해가 되는 빛을 발생시키고 있다.

도쿄는 초특대 스케일을 지니고 있는 도시다. 도쿄도라는 토지면적의 넓이와 1,200만명이라는 거주인구 및 도쿄를 둘러싸고 있는 인근 인구가 있고, 높은 물가에 밀려 고밀도 생활이 공용되고 있다. 이 정도 되는 특대도시니만큼 한마디로 야경을 논하기는 어렵지만 단적으로 말할 수 있는 것은 철저히 기능조명에 입각한 효율적인 야경이 특징이라는 것이다. 도시 전체는 치안이 잘 되어 있음을 상징이라도 하듯 휘황찬란하게 밝고 어두운 곳이 별로 없다. 균일한 것을 좋아한다. 더욱이 시민은 하얀 광원을 매우 좋아해 야경도 상대적으로 새하얗다. 눈부신 것에 별로 신경을 안 쓴다. 가게 안의 벌거숭이 형광등은 물론이며 수은등이나 고압나트륨램프 가로등조차도 램프가 그대로 벌거벗은 상태이어도 이렇다 할 불만도 나오지 않는다. 이러한 효율적인 야경은 미적美的인 야경과는 한참 동떨어져 있음을 의미하고 있다. 멋있게 야경사진을 찍을 수 있는 명소가

앞쪽. 공중 촬영한 도쿄의 야경. 보석을 뿌려 놓은 듯한 빛 한가운데에 뻥 뚫려 있는 어둠은 황거(皇居). 오른쪽 위로 후지산이 보인다. 어디부터 어디까지가 도쿄인지 불분명하다.

▲ 도쿄의 야경은 새하얗다. 도쿄타워 뒤편으로는 수은등과 형광등의 흰빛이 도시를 지배한다. ❶

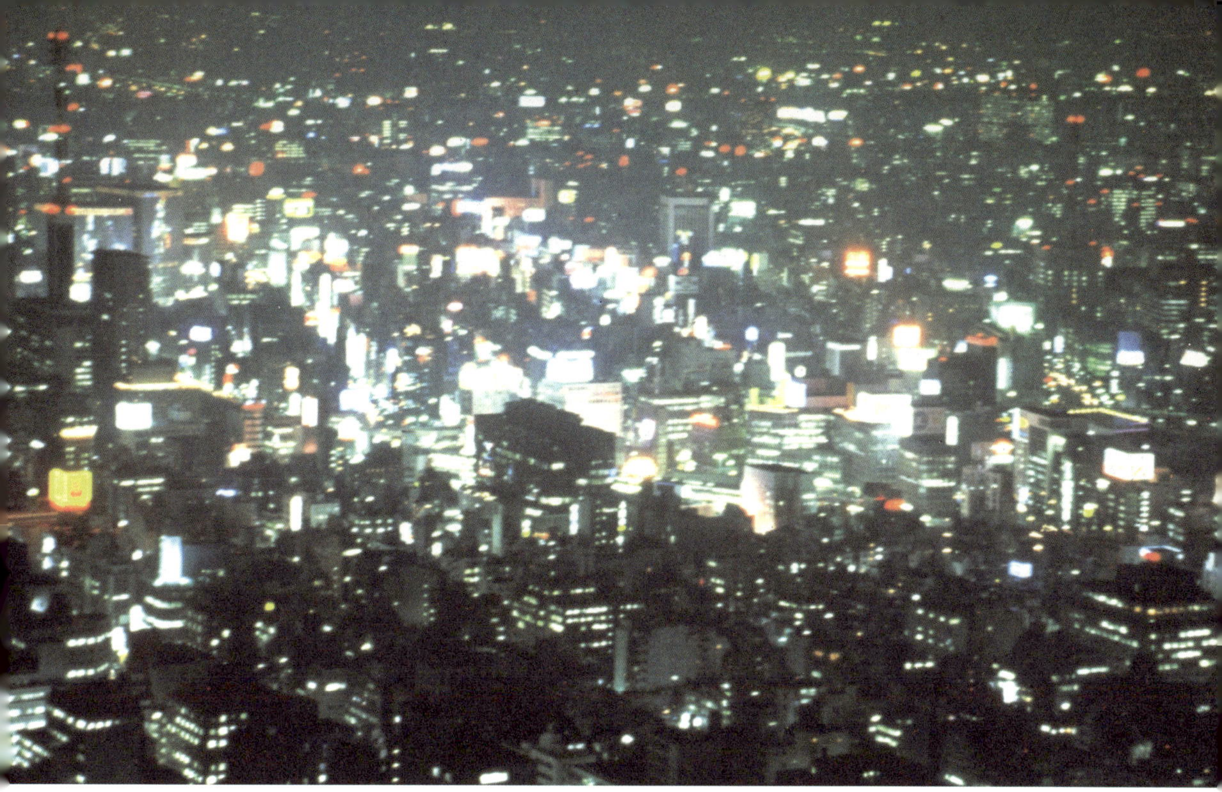

▲ 긴자 상공만이 뽀얗게 환하다. 옥상에 설치된 네온광고 때문이다.

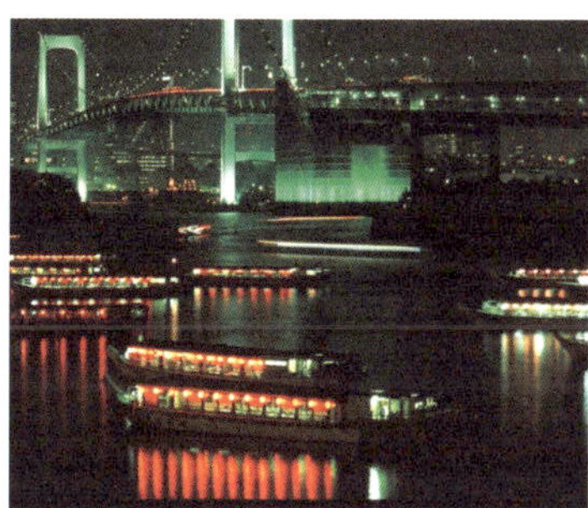

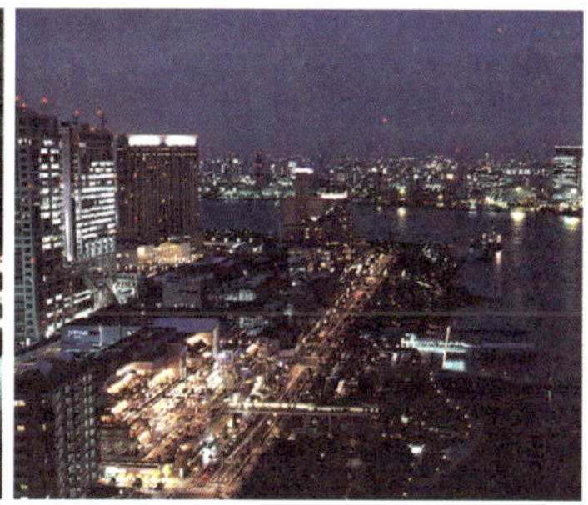

적다. 모이는 사람들이 아름답게 보일만한 조명효과가 적다. 그것이 도쿄야경의 과제로 지적된다.

하지만 그 20세기적인 도쿄 모럴moral도 서서히 변화의 징조를 보이고 있다. 하얀 광원도 오렌지색의 새로운 광원으로 대체되고, 환경청도 눈이 부시지 않은 가로조명을 권장하기 시작하고, '빛공해光害' 라는 말도 서서히 침투하고 있으며, 밤에도 회화적인 거리풍경을 만들고자 하는 의식이 나오기 시작했다.

도쿄는 세계의 신기술, 디자인 트렌드에 가장 민감한 도시다.

▶ 오다이바 레인보우 브리지를 배경으로 유람선이 모여 있다.

▶▶ 오다이바에서는 강가에 불빛이 집중된다.

◀ 자동판매기는 안전한 거리
의 상징?

▶ 24시간 동안 밝혀져 있는
편의점은 마치 모기 퇴치용
램프처럼 사람을 끌어 들인
다.

밤의 도시경관이라는 개념이 널리 퍼지면서 개성적인 야경의
출현이 기다려지게 되었다.

흩뿌려진 빛의 보석 – 하얀 밤

도쿄를 조감하는 곳에서 야경을 보면 그것은 그 나름대로
개성적이고 아름답다. 반짝반짝 거리고 있어 보석상자를 쏟아
놓은 듯한 찬란함이다. 파리나 리옹 등 유럽의 도시야경은 수
채화처럼 촉촉한 빛이 거리에 물들어 있는 느낌이지만, 도쿄
의 야경은 무수한 점의 광원들이 집합해 만들어져 있다. 하지
만 실제로는 '불필요한 빛이 상공으로 방출되고 있는 것'은

▲ 네온간판으로 가득한 가부키쵸는 도쿄야경의 대표선수. 지조 없는 상업주의가 만드는 빛의 고지에서 문화적 가치를 발견할 수 있는가. ❷

아닌지.

상공을 향하는 불필요한 빛들, 환경청이 지적하는 쓸데없는 빛, 장해가 되는 빛이 야경을 만들고 있다고 한다면 그것은 문제가 아닐 수 없다. 우선 벌거숭이 가로등 불빛을 반사경으로 제어해 필요한 방향을 향하도록 해줄 필요가 있다. 그리고 밤은 밝은 대낮을 재현하는 것이 아니라, 따뜻한 오렌지색 분위기로 되돌리려는 노력도 필요하다. 보석 같은 야경에는 많은 문제점들이 숨겨져 있는 것 같다.

자판기와 편의점

자신있게 이야기할 수 있는 도쿄야경의 특징 중 하나가 자동판매기와 편의점의 불빛이다. 지금 또한 수많은 자판기가 계속해서 늘어나고 있다. 15와트 - 30와트 - 32와트 등의 형광램프를 사용해 24시간 불을 밝히고 있다. 조사에 따르면 평균 128와트라고 하니 가정용 조명으로 말하자면 6평 정도를 밝힐 수 있는 것이다.

편의점 조명은 어디라도 환하고 새하얗고 번쩍번쩍 눈이 부시다. 실측평균조도는 800~1,200럭스로, 이것은 주택조명의

▶ 긴자 4번지에 있는 교차
점에 서면 빛의 고지가 맞이
한다. ❸

4~10배, 사무실 조명의 2배 정도의 조도와 전기소비량에 해당
한다. 더욱이 백색주광색이라고 해서 백색보다 훨씬 시원스럽
고 푸른빛을 띤다. 도시 구석구석에 있기에 야간에도 실내에서
넘쳐 나오는 빛은 살인적으로 보일 정도로 눈부신 것이다. 하
지만 이것에 놀라고 있을 수만은 없다. 요즘 저렴한 드럭스토
어drugstore는 편의점 조도의 배나 되는 밝기를 자랑한다. 어째서
일본인은 이 모기퇴치램프 같은 빛에 이끌리는 것일까.

긴자 · 시부야 · 롯폰기 − 신주쿠

　도쿄를 찾는 외국인들에게 인기가 있는 거리는 긴자, 시부야,
롯폰기, 신주쿠와 같은 곳일 것이다. 외국에서 온 손님들에게
있어서는 각각에서 인상적인 야경을 느끼는 듯하다. 우선 무어
라 해도 환한 번화가를 견인하는 어른들의 거리 긴자다. 이곳
에는 일본 근대조명의 역사가 있다. 1882년에 오오쿠라구미大倉
組 상회가 일본 최초로 아크등을 긴자에 설치한 뒤부터는 언제
나 새로운 빛의 기술은 먼저 긴자에 출현했다. 그에 비해 시부
야의 젊은이들을 위한 신흥 전광장식을 한 거리경관에는 빛의
움직임이나 트렌드가 소용돌이치고 있다. 그리고 신주쿠에서
는 세계적인 환락가인 가부키쵸 부근의 야경이 정평이 나있다.

내조식 사인광고가 집합해 거리를 환하게 하고 있다. 거리의 투시도는 발광하는 연직면으로 지배된다. 또한 신주쿠에서는 도청을 중심으로 한 초고층빌딩가의 불빛과 계속해서 신명소를 만들어내는 신주쿠역 남구 재개발지역 등 서로 다른 얼굴의 야경이 만들어지고 있다.

21세기의 실험지구

요 몇 년 동안 도쿄에는 규모가 큰 몇 가지 재개발사업이 완성되었다. 최근 화제가 되는 것이 롯폰기힐즈와 시오도메 재개발, 그리고 시나가와 재개발의 3개 프로젝트다. 이 프로젝트들은 각각에 빛의 실험적 과제를 포함하고 있어 흥미진진하다. 롯폰기힐즈는 계획 당초부터 빛의 마스터플랜이 제시되고 많은 설계자 및 기술자들의 지혜를 모아 완성한 하이터치한 도시만들기의 선전이라 할 수 있다. 가는 곳마다 조명 디자인 장치가 감춰져 있다. 시오도메 지구는 개발구역이 몇 개로 나뉘어 있으므로 그것을 연결하는 공공 순환공간을 연결하는 것이 과제로 남아 있기는 하지만, 각각에서 최첨단 광기술에 도전하고 있다. 시나가와 지구는 연결된 건물들과 그것을 둘러싸고 있는 도시경관이 잘 어우러진 기분 좋은 야경을 만들고 있다.

▼ 유락쵸(有樂町)에 있는 주점거리에서는 오늘밤도 빨간 초롱불이 샐러리맨의 맘을 달래준다.

▲ 초롱불은 도쿄야경의 오랜 풍경이다. 아사쿠사에서. ❹

투과성 높은 유리 건물에서 새어 나오는 빛이 새로운 도시의
표정을 연상시킨다.

에도, 서민마을(下町)의 빛을 남긴다

도쿄로 수도를 옮기고 400년을 맞았다고 한다. 이 세월은 긴
것 같기도 하고 짧은 것 같기도 하고. 그러나 '에도'라 불렸던
그 시대로부터 도쿄 서민마을下町에 사는 '멋'스러운 생활감성
은 몇몇 빛에도 전해지고 있다.

우선 빨간 초롱불이 주는 푸근함은 유락쵸뿐 아니라 도쿄 각
지에 숨쉬고 있다. 빨간 초롱불은 전통적인 새빨간색이지 않으
면 안 된다. 조금이라도 오렌지색이 돌거나 노란색이 돌면 전
통에 위배된다. 그것과 마찬가지 정서로 신사불각의 야경도 있
는데, 이것도 조명을 너무 새하얗게 비추면 흥이 깨진다. 아사
쿠사 카미나리몬에서 센소지, 각지에 남아 있는 행사날마다 들
어서는 포장마차 같은 곳에도 잊어서는 안될 에도시대부터 내
려오는 빛의 정서가 남아있다.

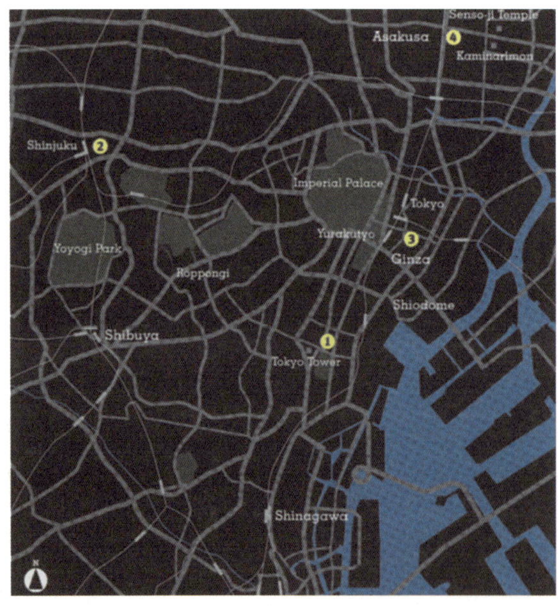

조용히 잠든 거대도시

야경 중에서 가장 감동하는 것은 도쿄다. 나는 세계 그 어느 곳보다도 이 거리의 야경에서 느끼는 것이 있다. 야경이 불러일으키는 심정이라는 것은 빛의 깜박임에 감응하는 마음의 움직임을 말하는 것일 게다. 그런 의미에서는 1200만 명의 생활이 생겼다 사라지는 거대도시의 그것은 사람들의 소식처럼 느껴져서 안타깝다.

어느 사진가가 동 떨어진 섬의 슬픔은 그곳에 사람이 살고 있다는 슬픔이라고 했다. 무인도가 아니라 밤이면 쓸쓸히 불을 밝히는 것에 대한 안타까움이다. 도쿄의 경우는 반대일 것 같지만 그렇지도 않다. 소박한 꿈을 안고 도시에 사는 사람, 그 사람이 많다는 것이 안타깝다.

밤이 밝아오기 시작한 무렵, 레인보우 브리지를 건너면서 차창으로 바라보는 도쿄가 좋다. 나는 아침 첫 비행기를 타기 위해 가끔씩 그 시간대에 레인보우 브리지를 건넌다. 희미하게 밝아오기 시작하는 하늘에 도시의 실루엣이 떠오르고, 빌딩 무리의 빨간 불빛이 호흡처럼 명멸해 간다. 빛의 수는 적지만 확실하게 숨을 쉬고 있는 도쿄에 나는 한층 애정을 느끼는 것이다.

하라 켄야原研哉 | 그래픽 디자이너

제2장

생활공간의 빛이 가르쳐 주는 것

야경은 생활문화의 상징으로써 전 세계에 수많은 야경이 있다는 것은 그만큼 생활 속의 빛의 가치나 실태도 다양하다는 말이다. 그리고 주택조명은 그 생활문화의 기원이고, 야경의 가장 작은 구성단위라고도 할 수 있다.

도시에 살고 있는 사람들의 빛에 대한 감성은 주택조명에 의해 길러지는 것이다. 햇볕에 말린 벽돌 밑에서 강한 햇볕을 피하는 사막의 주택부터 처마가 깊은 섬세한 목조주택, 그리고 돌이나 벽돌로 만든 두터운 벽으로 둘러싸인 주택이나 쇠나 콘크리트, 유리로 만든 현대도시의 주택까지, 여러 종류의 생활환경이 있고 빛의 향연이 펼쳐지고 있다. 그리고 같은 지역이라도 다양한 형태의 가족이 공생하고 빈부격차도 있을 것이다. 그 차이 하나하나에 빛의 차이도 나타난다. 각자 친근한 '우리 집'에는 가장 알맞은 빛이 갖춰져 있게 마련이지만 밝음에 대한 서로 다른 취향이나 기대치의 차이도 존재한다. 제2장에서는 주택조명, 즉 생활조명을 바라보는 세계의 다양한 관점을 소개한다. 세계조명탐정단이 2003년 9월 스웨덴의 스톡홀름에서 국제포럼을 개최하였다. 그때 모였던 세계 6개 도시의 탐정단원들이 사례정보를 가지고 개성적인 주택조명의 실태를 소개하였다. 여기에서는 그 프레젠테이션에서 소개되었던 내용을 그대로 빌려와 실었다. 그럼 구체적인 생활 속 조명의 차이를 알아보자.

여기서 소개한 6개 도시는 세계조명탐정단에 공조했던 핵심 멤버 여섯 명이 살고 있는 마을이다. 이 도시들이 세계의 주택조명의 차이를 대표한다고 말할 수는 없지만 이 몇 안되는 비교론에서마저도 서로 다른 빛의 가치관을 볼 수 있어서 재미있다. 북유럽을 대표하는 도시 코펜하겐과 스톡홀름은 거의 백열램프 조명기구를 많이 사용한다. 한방에 여러 개의 조명기구를 적절히 나눠서 빛을 조정한다. 조명기구에 대한 애착도 한층 더하다. 그러나 백열등을 많이 쓰기 때문에 아시아의 도시와 비교하면 방안은 어둠이 깔려 있다. 밤에는 밤다운 표정의 빛이 있다. 그것은 아시아 주택조명의 상징적인 존재인 형광램프다. 도쿄나 싱가포르는 새하얗고 눈부시게 밝은 실내가 보고되었다. 그것은 무더운 기후풍토가 원인이기도 하고 영향력 있는 신화가 거주지에까지 만연해 있기도 하고 빛에 대한 교육이 부족한 탓인 듯싶다. 한방에 등 한 개로도 충분히 밝기 때문에 더 이상의 고민은 필요하지 않은 것이다. 아시아의 도시는 빛의 질같은 것에는 고민할 틈도 없이 성장했다. 또 세계의 부를 모아놓은 듯이 보이는 미국에도 황량한 생활환경이 있는 것을 알 수 있다. 중산층이 선호하는 규격주택에서 볼 수 있는 조명은 기능적인 다운라이트를 중심으로 합리적이고 테크니컬한 분위기가 감돈다. 여기서의 생활가치는 그저 텔레비전을 보는 것이라고 한다.

앞으로 소개될 세계의 주택조명은 각각 무리한 시점과 결론을 나타내고 있을지도 모른다. 조명탐정단이 하는 말은 각각 관찰자의 눈에 걸려 있는 독특한 필터를 통해 나오는 것이다. 스톡홀름에서 그 발표를 했을 때 청중 하나가 '너무 과학적인 분석이 결여되어 있다' 라고 비판적인 의견을 내놓았다. 물론 그것으로 의미는 충분하다. 우리 탐정단이 보여주고 싶은 것은 수많은 다른 의견을 가진 관찰자의 눈과 제방식대로의 추론으로, 거기에서부터 일어나는 다양한 논쟁이기 때문이다.

쿄 펜 하 겐
창가에서 유혹하는
따사로운 빛

■ 인구 = 1,210,736명
■ 인구밀도 = 5,759명/㎢
■ 1개월당 임대료 평균 = DKK4,400 (약 968,000원)
■ 전기요금 = DKK1.5/kWh (약 330원)

북미의 조명을 대표하는 도시는 코펜하겐이다. 누가 뭐래도 백열전등을 한없이 사랑하는 사람들의 마음이 생활 속 여기저기에 묻어 있다. 우선 이 도시가 낳은 위대한 디자이너 폴 헤닝센Poul Henningsen, 1894-1967이 만들어낸 일련의 조명기구 디자인으로, 그 중에서도 대표작인 PH5는 불후의 명작이다. 인간친화적이며 결코 사람의 눈을 아프게 하지 않는 빛의 사용은 이 도시의 자랑거리가 되었다. 어떻게 해서 이곳에서 부드러운 빛이 탄생하게 된 것일까.

코펜하겐의 발표자 카차Katja는 "덴마크 사람은 해질녘을 좋아한다"고 했다. 해질 무렵 실내가 어두워지면 천천히 백열램프를 밝힌다. 이 얼마나 자연스러운 행동인가. 이것이 여기 사람들의 빛에 대한 생활리듬일는지도 모른다.

주택실내뿐 아니라 외부의 공공공간에 접한 출입구에도 기능적이기만 하지는 않은 'at-home' 감각의 빛이 마련되어 있다. 집밖은 어디라도 조금은 어두운 편이기는 하지만, 길가에 늘어선 집들의 문가 전등은 집 앞길을 지나는 이들을 포근하게 맞아주고 있어 휴먼스케일이 느껴진다.

한편 이 도시에도 무척 합리적인 조명기법이 있다. 그것은 커티너리Catenary 방식이라 불리는 것으로 공중에 매다는 타입의 가로등이다. 지지대 역할을 하는 폴pole 없이 공중에서 와이어로 조명기구를 매단다. 물론 합리적으로 노면만을 비추어 광해를 줄일 수 있도록 고려하였다. 어디까지나 환경친화적인 자세가 여러 곳에서 느껴진다.

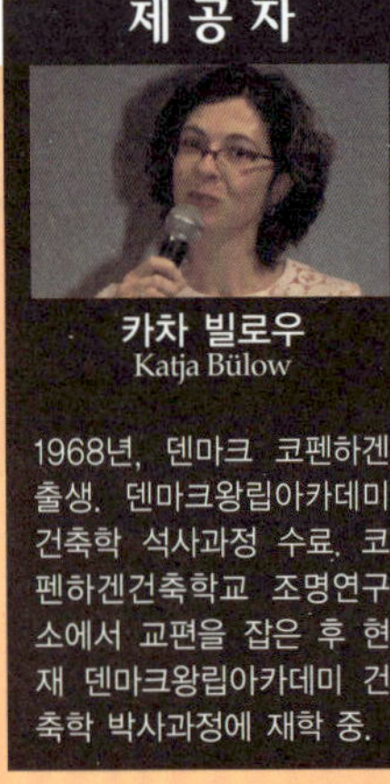

제 공 자

카차 빌로우
Katja Bülow

1968년, 덴마크 코펜하겐
출생. 덴마크왕립아카데미
건축학 석사과정 수료. 코
펜하겐건축학교 조명연구
소에서 교편을 잡은 후 현
재 덴마크왕립아카데미 건
축학 박사과정에 재학 중.

코펜하겐의 주택은 각기 서로 다른 시기의 도시개발영향을 받아 형성되었습니다. 전형적인 타운하우스는 1층이 점포고 3~4층이 아파트로 되어 있습니다. 정원이 있는 주택이나 단일 세대주택은 도심 근처에서 볼 수 있으며, 비슷한 모양을 한 주택들이 교외 몇몇 지구에 펼쳐져 있습니다. 교외에는 도심과 교외를 연결하는 간선도로를 따라 고층빌딩 및 플랫주택이 있는데 이 주택의 대부분은 1960년대에서 1970년대에 세워진 것들입니다. 최근 몇 년 코펜하겐 연안에서는 주택개발이 이뤄지고 있을 뿐 아니라 현재 구상중인 것도 있습니다.

교외의 경치는 길을 따라 서 있는 가로등과 주택의 변화무쌍한 출입구 조명의 불빛이 특징입니다. 밤에도 환한 여름철에는

출입구 조명을 꺼두는 일이 많아집니다. 현관에서 밖으로 새어
나오는 불빛이 출입구 조명역할을 하는 경우도 있으며, 창문너
머 보이는 부드럽고 따스한 실내 불빛이 방문객을 맞이합니다.

교외에서 도심으로 이동하는 도중에는 랜드마크인 거대한
고층주택구역이 나타납니다. 고층주택에서 가까운 간선도로는
모두 도로조명이 밝게 비추고 있습니다. 이곳의 도로조명은 교
통안전을 우선으로 설치되어 있으므로 휴먼스케일에 입각한
것은 아닙니다.

약 2,000세대로 구성되는 고층주택구역으로 들어가게 되면
건물 앞 주차장에 심어놓은 나무 아래에 조명이 설치되어 있는
휴먼스케일 가로등으로 바뀝니다. 이렇게 친숙한 공간, 그리고
현관을 따라 설치된 조금은 어두운듯한 부드러운 불빛 덕분에

쾌적하고도 안전하게 건물주변을 걸어다닐 수 있습니다.

야간, 도심에서는 공중에 매다는 방식의 가로등과 길가에 면한 집들의 불빛이 경치를 만들어내고 있습니다. 출입구 조명은 집에 따라 그 종류가 다양한데 대부분 좀 어둡지만 집 번호와 거주자명이 보이도록 하고 있습니다.

에너지절약을 위해 계단조명은 사람이 들어오면 불이 켜졌다가 시간이 지나면 자동으로 꺼지도록 되어 있습니다.

도심은 주로 플랫주택인네 거리나 팡장, 비슷한 공간으로 경계선이 그어져 있습니다. 플랫주택은 안쪽에 있는 중앙정원을 둘러싸고 각각의 동이 배치되어 있으므로 거리에 면한 집들보다 사적인 느낌입니다. 정면현관과 중앙정원으로 이어지는 뒤쪽 계단 양쪽에 입구가 있는 것도 보기 드문 일은 아닙니다. 야

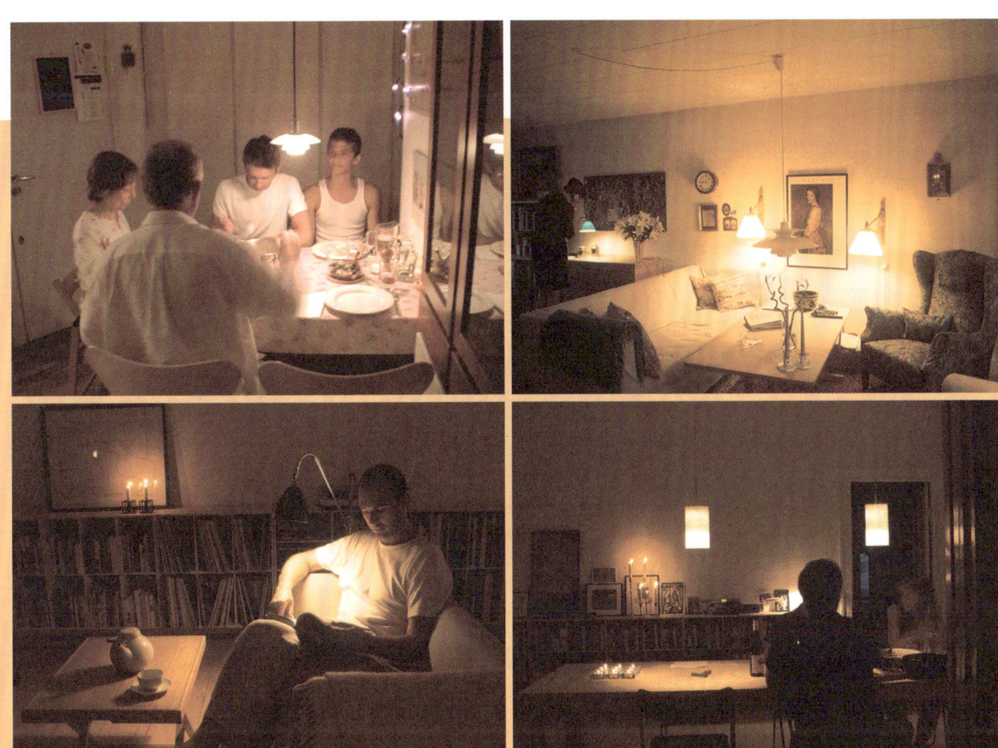

간의 중앙정원은 정원의 형태, 가로등, 불이 밝혀져 있는 창문
의 수에 따라 그 인상이 달라집니다.

　창에서 새어 나오는 불빛은 모두 똑같이 따뜻한 느낌이지만,
하나하나의 불빛은 창문마다 다르므로 자신도 모르게 창안을
들여다 보고 싶어지고 맙니다. "저 매력적인 창문 너머에는 어
떤 가정이 있을까?"하고 말입니다.

　야간에 건물외관을 보면 창문에서 따뜻한 빛이 흘러나오고
있다는 것을 깨달을 수 있을 것입니다. 덴마크 주택의 빛의 문
화는 백열등의 영향을 매우 많이 받았으며, 사람들은 다소 전
기요금이 비싸게 들더라도 고효율램프보다는 백열등을 더 좋
아하는 경향이 있습니다. 이는 일조시간 중 평균 3분의 2가 우
천이기 때문에 오랜 시간을 실내에서 보내야 하는 덴마크의

기후풍토에 관계가 있으리라 생각됩니다. 이 때문에 실내조명의 질에 관심이 높아졌을 겁니다.

덴마크의 주택에는 다양한 백열등 조명기구가 있으며, 목적에 따라 나누어 사용하고 있습니다. 그 중에서도 중요한 것이 식탁용으로 사용되고 있는 것으로, 가족, 친구, 손님들이 식사를 즐기기 위해 모이는 소중한 행사를 위해 공간을 연출합니다.

자연광의 상태가 서로 다르다는 사실은 실내조명의 질을 이야기함에 있어 빼놓을 수 없는 중요한 요소 중 하나입니다. 노신사가 여름날 해질 무렵의 흐릿한 불빛 속에서 신문을 읽고 있습니다. 그가 등지고 있는 창문은 북서쪽을 향하고 있어 일몰 후라도 환한 빛이 들어 옵니다.

그는 이 전형적인 주름 램프갓의 빛이 필요하다고 느껴질 때까지 그것을 켜려 하지 않을 것입니다. 아마도 그는 전혀 조명을 켜지 않고 천천히 어두워짐에 따라 신문읽기를 관두고 부

인과 이야기를 하기 시작할 것이라 생각됩니다. 덴마크 사람들은 너무 환하지 않은 불빛 속에서 지내기를 좋아합니다. 조명 스위치를 일제히 켜는 것이 아니라 필요에 따라 서서히 켜갑니다.

전기조명을 사용하게 되고 나서 코펜하겐의 조명기구에는 다양한 변화가 있었습니다. 이 조명기구는 백열등의 모양이 지금과는 달랐던 시대의 것입니다. 이 집에는 1917년에 처음으로 전기가 들어왔습니다만, 코펜하겐의 모든 주택에서 전기조명을 사용하게 된 것은 1930년대에 들어서입니다. 파라핀램프의 희미한 불빛에 익숙해 있던 사람들이 백열등의 강한 빛에 익숙해지기는 어려운 일이었던 것이겠죠. 그들은 새로운 램프를 다양한 램프갓으로 폭 덮었습니다. 이러한 기구들은 코펜하겐의 유명한 램프 디자이너인 폴 헤닝센이 1920년대에 루이스 폴센Louis Poulsen과 공동으로 PH램프를 출시하기 시작한 무렵의

전형적인 것입니다.

　PH램프의 슬로건은 램프의 형상과 조명기술을 통합해 시각적인 쾌적성·빛의 고효율성·아름다운 품질에 초점을 맞추는 것이었습니다. 이 여자아이는 눈을 가리지 않고 얼마나 PH램프를 바로 쳐다보고 있을 수 있는지에 대한 시범을 보이고 있습니다. 폴 헤닝센은 이 PH시스팀 시리즈와 같은 PH램프를 여러 개 디자인하였으며, 이것은 사람들의 다양한 요구에 응했습니다. PH램프는 지금도 생산되고 있으며 코펜하겐 조명문화

는 옛것과 새것이 어우러져 계승되고 있습니다. 지금까지도 많
은 가정에서 PH램프와 면갓이 달린 구식램프가 나란히 놓여
져 있는 것을 볼 수 있습니다.

빛을 연구해
겨울을 넘긴다

■ 인구 = 1,684,420명
■ 인구밀도 = 485명/㎢
■ 1개월당 임대료 평균 = SEK4,491 (약 762,000원)
■ 전기요금 = SEK0.85/kWh (약 2,170원)

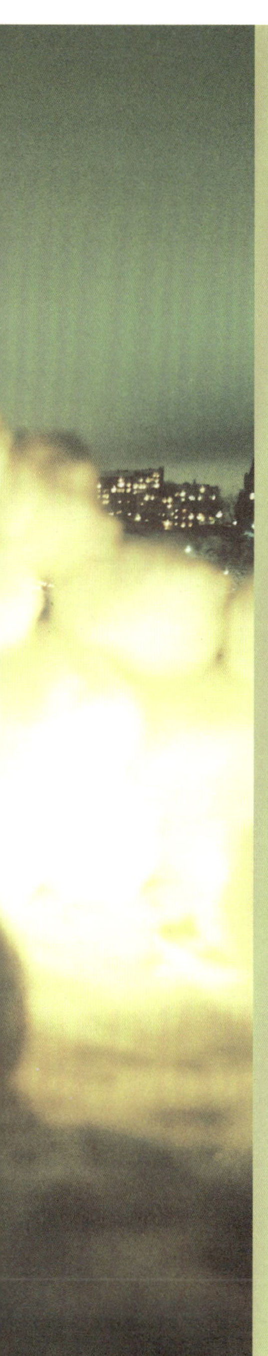

북위 59도에 위치한다는 사실이 빛에 대한 압도적인 감성차이로 이어지고 있다. 밤이 5시간 정도밖에 안 되는 계절이나 밝은 시간이 6시간 정도밖에 안 되는 계절의 변화가 태양 및 불에 대한 강렬한 생각으로 이어지는 것일게다. 그리고 또한 많은 사람들이 계절성정서질환Seasonal Affective Disorder; SAD에 시달리고 있다는 사실이 놀랍다.

이 도시에는 매일 해질녘 'Blue Moment' 라 불리는 아름다운 저녁 드라마가 펼쳐진다. 도시는 너무도 푸른 하늘에 지배되고 집집마다 창문에는 서서히 따스한 백열등 불빛이 켜진다. 이 오렌지색과 푸른색의 대조가 이 도시의 불빛문화를 상징하고 있다.

발표자 알렉산드라는 스웨덴의 주택조명에서는 수많은 작은 광원光源들이 사용되고 있다고 해설한다. 테이블램프, 플로어램프, 픽처라이트 같은 것들이 많이 사용되고 있으며, 클래식한 것에서 모던한 것까지 다양한 디자인의 조명기구가 있다. 물론 천정 가운데에 조명기구를 매다는 것은 흔하지 않은 일이며 방안에 놓여진 여러 개의 조명기구를 상황에 따라 켜거나 꺼가며 나누어 사용하고 있는 것이다.

또한 불빛으로 창가를 연출하는 것이 유행하고 있어 실내에서뿐 아니라 밖에서도 생활공간의 빛이 보인다는 것을 의식하고 있다. 물론 밤에 자신의 집을 어필한다는 목적이나 공공조명에 기여하는 의미를 설명하는 사람도 있는 모양이지만, 즉 각각의 집들은 공공장소의 야경에 대한 역할을 담당하고 있다는 것이 된다.

제 공 자

알렉산드라 스트라티미로비치
Aleksandra Stratimirovic

1968년, 유고슬라비아 Belgrade 출생. Belgrade예술대학에서 아트를, 스톡홀름예술대학에서 조명디자인을 배웠다. 1995년 스톡홀름에 Strati를 설립. 주로 아트프로젝트 및 디자인 사업에 종사한다.

스톡홀름은 북위 59도에 위치하기 때문에 여름에는 낮이 길고 사람들은 매우 활동적으로 됩니다. 일조시간이 가장 긴 때는 6월 21일로 일출은 오전 3시 31분, 일몰은 오후 10시 9분입니다. 이렇게 긴 여름날과는 대조적으로 가을과 겨울에는 어두워 인공조명이 필요해집니다. 12월 22일의 일출은 오전 8시 45분, 일몰은 오후 2시 49분. 귀가할 때뿐 아니라 통근시간에도 밖은 어두운 상태입니다.

겨울철 햇빛이 부족하다는 것은 많든 적든 사람들에게 영향을 미치고 있습니다. 빛은 신체반응과 호르몬생성에 관계하고 있으므로 일조시간의 변동에 따라 호르몬분비가 불규칙해지면 정서불안이 생기는 일이 있습니다. 이것을 계절성우울증이라 하며, 북국에 살고 있는 사람들의 약 20%가 이 질병에 걸려 있다고 합니다.

이것의 치료에 사용되는 것이 라이트 테라피light therapy입니

다. 환자는 자외선이 없는 2,500럭스의 빛을 정기적으로 쬡니다. 이러한 치료용 기구가 가정이나 직장에 마련되어 있고 이것을 사용해 약 75%의 환자들의 증상이 개선되고 있습니다.

1930년대에는 전기가 곳곳에 보급되어 그 중요성도 명확해졌습니다. 1928년 '인류를 위한 빛Light in the Service of Mankind'이라는 전시회가 열렸습니다. 전기조명이 새로운 공공시설, 주택, 직장, 도로를 만들어내는 데에 있어서 얼마나 중요한가 하는 것이 소개되었습니다. 또한 1929년 '빛 문화를 위한 스웨덴재단'은 '좋은 빛, 좋은 일'이라는 팸플릿을 50만부 작성했습니다. 이것은 '조명을 어디서 어떻게 사용할까'하는 것을 주로

주부들을 대상으로 해서 조언하는 것으로, 집안공간을 욕실, 주방, 거실, 복도로 구분하고, 목적에 맞는 조명기구 사용의 중요성에 대해 풍부한 그림을 사용해가며 해설하고 있습니다.

스톡홀름의 주택은 임대 아니면 자가 중에 하나인데 임대의 경우 표준 조명기구 및 설비를 갖추고 있어 크게 바꿀 수는 없습니다. 정확히 말하자면 스톡홀름에는 409,643세대가 있으며, 한 세대당 평균 1.8명이 살고 있습니다. 그 중 약 3분의 2가 아파트에 살고 있습니다. 한 사람당 거주공간은 35㎡, 전기요금은 140원/kWh입니다.

중심부의 집은 거의 19세기부터 20세기에 건설된 것입니다만 시대에 따라 살펴보면 낮에 빛을 많이 받아들이기 위해 창문이 커지고 있음을 알 수 있습니다. 해가 저문 뒤 주택가를 거닐면 창가의 다양한 불빛이 서로 다른 형태, 색상, 크기, 빛의 강도에 따라 밤의 거리에 독특한 아이덴티티를 부여하고 있습니다.

　창가의 불빛에 대해 물어 보면 다양한 대답이 돌아 옵니다. 어떤 사람을 칠흑 같은 어둠을 만들지 않기 위해서라 하고 또 어떤 사람은 밖에서 봤을 때 멋지게 장식하기 위해서 창가에 조명을 설치한다고 합니다.

　들은 바에 의하면 창가조명은 아내들이 술 취해 돌아오는 남편들이 집으로 돌아오는 길을 헤매지 않도록 하기 위해 작은 조명을 창가에 놓아 둔 것에서 시작하였다 합니다. 나 자신은 이 창가조명이 그 정도로 오래된 전통이라는 인상은 받지 않았습니다. 아마도 몇십 년 전 트렌드가 되어 지금에도 이어지

고 있는 것이라 생각합니다. 이러한 습관을 다른 나라에서는 본 적이 없습니다.

　스웨덴의 주택조명을 상징하는 것은 백열램프의 난색계열의 빛입니다. 사람들은 쾌적한 분위기를 만들어내어 따뜻한 색조를 즐깁니다. 주로 작은 광원이 많이 사용되고 있습니다. 조명기구는 전통적이거나 클래식한 형상이기도 하고 근대적인 디자인이기도 하고 때로는 조각에 가까울 정도로 혁신적인 라이트 오브젝트기도 합니다. 조명기구를 천정 한가운데에 다는 일은 거의 없으며, 청소 등을 위해 강렬한 불빛이 필요한 때에만 사용합니다.

　주방은 요리나 식사만을 위한 것이 아니라 오랜 시간을 보내는 중요한 장소입니다. 테이블 위에는 펜던트 라이트가 설치되어 있으며, PH램프 같은 스칸디나비안 디자인이 인기가 있습니다. 분위기를 내기 위해 촛불도 자주 사용합니다. 일반적으로는 테이블 촛대에 놓아 두지만 때로는 테이블 위에 매달아 놓은 샹들리에에 사용하는 일도 있습니다. 저녁식탁에 놓여진 촛불은 생활에 빼놓을 수 없는 요소입니다. 스웨덴어로 촛불을 'Levande ljus' 라고 하는데 이것은 '살아있는 빛' 이라는 뜻입니다. 이 작은 '살아있는 빛' 은 불꽃과 함께 따스하고 약한 빛으로 매력적이고도 아름다운 분위기를 연출합니다.

　전통적으로 크리스마스 4주 전 일요일에는 집집마다 예수강림을 축하하는 촛불을 밝힙니다. 일요일마다 한 개씩 촛불이 추가되며 크리스마스이브까지 전부 네 개의 촛불이 서로 다른 높이로 타게 됩니다. 한때 이것의 전기 버전이 등장해 눈깜짝할 사이에 유행했습니다. 크리스마스 무렵에 스웨덴 거리를 찾아가 보면 모든 창문에 이런 장식들이 놓여 있는 것을 보고 놀랄 것입니다.

따뜻한 주방에 가족이 모인다

■ 인구 = 1,728,806명
■ 인구밀도 = 2,290명/㎢
■ 1개월당 임대료 평균 = EUR 462 (약 758,000원)
■ 전기요금 = EUR 0.17/kWh (약 280원)

독일연방공화국은 여러 가지 다른 문화권으로 만들어져 있으므로 한마디로 독일의 주택조명이라고 말해버리는 것은 어려운 이야기일지도 모른다. 그러나 조명 디자인의 시점에서 본다면 확실히 장식적인 조명기구의 역사보다는 오히려 기술적인 조명의 합리성이 독일의 빛 문화, 빛 문명의 특징이라고 할 수 있을 것이다. 독일인은 세세한 장식을 잔뜩 하기보다는 빛의 성능을 더 중시하는 듯이 보인다.

함부르크는 북부 독일을 대표하는 대도시다. 그곳에서 보이는 주택의 빛도 매우 심플하면서도 합리적인 사고에 바탕하고 있다. 그들에게 있어 쉴 곳이란 멋진 거실뿐만이 아니라, 오히려 주방과 연결된 식당이나 거실을 겸하는 주방이 되기도 한다. 난로 주변에 사람들이 모여들고, 조리하는 곳 가까운 곳에서 단란함이 피어난다. 물론 생활 전반적으로 빛은 낮은 위치에 있으며 갓을 씌운 따뜻한 백열램프나 할로겐램프를 많이 사용하며 형광램프는 한정적으로 사용하고 있다. 주방에서도 조리대에 균일한 조명처리를 하지 않고 있으며 적당한 빛과 그림자를 좋아한다. 적당한 어둠을 좋아하는 것은 TV를 볼 때에도 마찬가지로, 방을 살짝 어둡게 해두고 TV의 배경이 될만한 약한 앰비언트 조명Ambient Lighting이 분위기를 낸다.

함부르크 사람들이 하는 "빛이 모이는 곳이 좋다"는 말은 집 안 전체적으로 적당히 어두움이 유지되고 있는 것을 가리키는 걸까. 발표자인 울리케는 서로 다른 4세대의 개인주택을 조사·비교하면서 함부르크의 주택조명을 설명했다.

제공자

울리케 브랜디
Ulrike Brandi

1957년, 독일 Goettingen 출생. Hochschule fur bildende Kunste에서 Dieter Rams씨로부터 산업디자인을 배움. 1987년, 함부르크에 Ulrike Brandi Licht 설립. 조명디자이너로서 폭넓은 활약을 하고 있다.

저는 개인주택 4세대를 비교하면서 함부르크의 주택조명에 대해 생각해 보았습니다.

내가 취재한 K씨 댁은 5년 전 녹음이 우거진 지역에 세워진 집합주택에서 가족 4명이 살고 있습니다. 양친은 직업을 가지고 있으며 10살과 5살짜리 딸이 있습니다.

S씨 부부는 둘이 살고 있으며 함부르크 북쪽에 위치한 조용하고 녹음이 우거진 지역에서 퇴직 후의 생활을 보내고 있습니다. 1960년대에 신축 구입한 테라스형 집에 살고 있으며 자녀들은 이미 독립한 상태입니다.

G씨는 무직이며 혼자 삽니다. 중심부로 물가도 저렴하며 다양한 인종이 살고 있는 알토나Altona라는 활기찬 지구에 살고 있습니다.

W씨도 혼자서 대학 근처에 살고 있습니다. 이 지구는 높은 건물이 밀집해 있으며 바Bar가 많고 주차장은 적습니다. 해외출장이 많아 몇 주씩이나 집을 비우는 일도 있습니다.

한 세대가 조명에 사용하는 전기소비량은 전체의 10%로, K씨 댁처럼 4명이 사는 세대에서는 연간 평균 약 470와트를 사용하는데 이는 한 사람당 하룻밤에 8유로센트를 사용하고 있다는 것이 됩니다. S씨 부부처럼 2명이 사는 세대에서는 연간 평균 약 340와트를 사용하며 한 사람당 하룻밤에 12유로센트, G씨와 W씨처럼 혼자 사는 세대에서는 연간 평균 약 230와트를 사용하며 하룻밤에 16유로센트라는 계산이 됩니다.

다른 유럽국들과 비교해볼 때 독일은 전기요금이 비싼데, 그리스의 약 4배, 벨기에의 약 1/3배나 비쌉니다.

저는 각 세대의 거실, 식당, 주방, TV, 맘에 드는 장소의 사진
을 모아 위와 같이 비교해 보았습니다.

식당　　주간 K씨의 아파트는 다이닝에 충분한 빛이 있는
것에 비해 S씨 부부의 아파트는 식당이 그리 눈에 띄지 않고
거실에서 쑥 들어간 공간에 있습니다. 하지만 밤이 되어 인공
불빛이 가해지면 똑같아 보입니다. 조명은 모두 낮게 위치해
있으며 전등갓을 씌운 따스한 할로겐 조명은 빛을 조절할 수
있습니다.

주방　　북부 독일의 전통적인 농가에서는 널찍한 주방겸
거실이 있습니다. 겨울에는 이 방만이 따뜻하고 조리를 하는
곳이기도 하며, 따뜻함과 밝은 빛을 주는 난로 주변에 가족들
이 모여 앉습니다. 1970년대와 1980년대에는 노인공동주택에
서 이런 단순한 주방이 부활하였으며, 중산층 거실보다 맘 편

하게 있을 수 있는 장소로 진화하였습니다.

　K씨 댁의 주방은 일반적인 주방과 거실이 붙어 있는 형식으로 식탁은 방 중심에 있으며 벽을 따라 조리대와 수납공간이 있습니다. 조리대를 균일하게 밝히는 것이 아니라 강조하거나 움직일 수 있는 조명이 공간에 특징을 만듭니다. G씨 댁도 같은 형식이지만 싱크대 위에 있는 수직램프는 튜브형 램프로 따뜻하고 부드러운 빛을 내고 있습니다. 또 다른 형식은 1920년대의 전통적인 프랑크프루트 주방이라 불리는 것입니다. 조리대와 수납을 가까이 두어 편리한 위치에 배치하고 있으므로 신속하고 효과적으로 조리할 수 있습니다. S씨 부부의 주택건축가는 부엌을 중심으로 탑라이트를 만들었지만 거의 사용하지 않는다고 합니다. 학생용 책상 같은 60와트짜리 심플한 조명이 부엌을 비춥니다. 낮에는 방해가 되지 않도록 한 옆에 두

고 있지만 밤이 되면 필요한 곳을 비추고 있습니다.

　　TV　　밤이 되면 사람들은 편안한 소파가 있고 낮은 곳에 빛이 배치되어 있는 TV주변으로 모여듭니다. 방안을 어둡게 하고, TV 이외의 조명은 배경으로 두고 분위기를 고조시킵니다.

　　이 조명이 어두운 실내벽과 밝은 TV 화면의 콘트라스트를 완화시킴과 동시에 K씨 댁과 S씨 부부 댁에서는 모닥불의 불빛 같은 역할을 하고 있는 듯이 느껴졌습니다.

　　맘에 드는 장소　　집안에서 맘에 드는 장소를 물어 보았습니다. 밤에는 '빛이 모이는' 장소를 맘에 드는 장소로 꼽는 사람이 많습니다. 부드러운 빛을 사용해 쉬기에 가장 좋은 편안한 공간을 만드는 사람도 있으며, 작은 할로겐램프를 사용해 각이 뚜렷하게 살아 있는 그림자를 만드는 사람도 있습니다. 방법은 각기 다르지만 각각에게는 자기만의 빛이 있는 듯 합니다.

황량한 곳에 밀집하는
특대주택

■ 인구 = 571,822명
■ 인구밀도 = 3,639명/㎢
■ 1개월당 임대료 평균 = $618 (약 743,000원)
■ 전기요금 = $0.06/kWh (약 70원)

제이슨은 뉴욕에 살고 있었는데 이 발표를 하기 전에 워싱턴 D.C.로 이사를 해서 테마를 미국의 주택조명으로 넓혀서 발표했다. 특히 전형적인 중산층 미국인에 초점을 맞추자면 '맥맨션MacMansion'이라 불리는 미국식 분양맨션에서 그 전형을 볼 수 있다. 특별히 설계에 신경을 많이 쓰지 않았으며, 넓이는 충분하지만 철저하게 기능성이나 합리성을 추구하고 있어 어딘가 평범한 특징 없는 주택이라는 평가다. 물론 집안에서 형광등을 사용하는 일은 적으며 부드럽게 퍼지는 백열램프의 빛을 좋아한다고 한다.

하지만 다량의 주택조명을 간결하고도 기능적인 천정 붙박이형 다운라이트에 의존하고 있는 부분도 실로 미국적이다. 하얀 천정에 둥근 구멍이 나있을 뿐인 다운라이트로, 천정에 매달거나 벽에 부착하는 방식의 장식기구가 적으므로 실내 분위기가 매우 간결하다. 미국의 주택산업은 대량소비형 '맥맨션'에 약간 변화를 주어 상품화하고 있는 모양이다.

주택지 인근조명이라는 점에 있어서 미국은 완벽히 자동차를 위한 도로조명에 철저하며, 보행자를 의식한 불빛은 많지 않다. 크리스마스 시즌이 아니라면 밤의 주택외관에 신경쓰는 일이 없는 것이다. 때때로 고급 주택지 같은 곳에서는 주철로 만든 유럽풍으로 장식한 폴등을 볼 수도 있기는 하지만 유럽 도시에 비하면 극히 적다.

제공자

제이슨 네체스
Jason Neches

1971년, 뉴욕 출생. Rensselaer공과대학 라이팅리서치센터 석사과정 수료. 현재 워싱턴 클라우드 엥글 사무소에서 조명디자이너로 활약하고 있다.

미국의 주택조명에 대해 생각하자면 아무래도 냉소적으로 되어 버립니다. 황량한 곳에 빼곡히 퍼져 있는 거대주택은 대부분 주요도시의 교외에서 더욱 증가하는 경향이 있습니다. 많은 전문가들이 말하는 소위 '아메리칸 드림 홈'을 원해가면서 건축산업은 미리 패키지화된 대량생산형 편의시설로 대응하게 되었습니다. 이러한 주택양식은 "정성스럽게 만든 요리처럼 좋은 식재나 영양분은 없지만 저렴한 가격에 양이 많은 맥도널드와 같은 만족감은 있다"는 의미에서 '맥맨션'이라 불리고 있습니다.

미국의 도로는 연속해 있는 4층짜리 타운하우스나 20층짜리 아파트, 또는 높은 정원수나 앞마당의 넓은 잔디밭으로 나뉘어져 있는 단독주택을 따라 뻗어 있습니다. 공통된 점은 주택인근의 도로는 보행자를 위한 것이 아니라 자동차를 위해 만들어진 것이라는 점입니다. 6~9미터짜리 폴등이 늘어서서 노면을 비추고 있으므로 노면에는 충분한 빛이 있지만 보행자를 위한 밝기라고는 할 수 없습니다.

하지만 오래된 주택가에서는 '포스트 탑'post top'이라 불리는 가로등을 드물게 볼 수 있습니다. 주로 낮게 설치되어 있으며, 주택인근의 도로폭, 건물높이, 건물밀도와 같은 보행자를 위한

밝기에 맞춰져 있습니다.

포스트탑을 중앙분리대에 설치하면 도로에 조명을 비추면서도 보행자를 위해 밝기를 유지할 수 있습니다. 아이들은 보도에서 놀고, 자동차는 도로를 달립니다. 어른들은 보도를 천천히 산책할 수 있습니다. 하지만 도로가 매우 좁은 장소에서 포스트탑을 보도쪽으로 설치하면 조명기구가 주택과 가깝기 때문에 창으로 강한 빛이 들어와 광해문제가 생깁니다.

도로가 좁은 주택가에서조차도 유럽처럼 건물 벽면에 설치한 가로등은 매우 보기 드뭅니다. 이것은 미국에서는 개인의 재산이 무엇이고 공공의 것이 무엇인가라는 사유재산과 공공물에 대한 명확한 선이 그어져 있기 때문이라고 생각합니다.

주택가에서는 집 주위를 비추는 일이 거의 없습니다. 야간 주택의 이미지는 밝은 현관에 반짝이는 조그마한 창문입니다.

미국인이 공공장소에서 밝고 개방적인 공간을 좋아하는 것은 새로운 경향입니다. 예전부터 집은 상자 같은 공간으로 칸을 나누고 적은 광원과 짙은 나무결로 마감하여 어두웠습니다. 이러한 흐름에 역행하는 것이 1800년대의 '셰이커Shaker' 라 불리던 종교적 사회입니다. 그들의 종교적 신념에서는 빛과 청결함은 신으로 통하는 것으로, 그들의 주택은 개방적이고 밝았으며, 그 당시에는 흔하지 않은 일이었습니다. 내장은 밝은 크림색으로 도장하고 나무는 밝게 마감하든가 자연색 그대로 두었습니다. 공간은 빛으로 가득 차 있어 개방적이고 자유로운 인상을 받습니다.

　주방은 가족에게 있어서 중요한 장소입니다. 예전부터 주방은 집안 구석진 곳이나 지하실에 눈에 잘 띄지 않도록 숨겨져 있었습니다. 1950년대에 들어서 남녀의 역할분담이 변화되고 주방은 서서히 활동장소의 중심이 되기 시작했습니다. 최근의 주방은 거실이나 식당과 벽 없이 이어져 있으며, 개방적이고 동선이 자유로운 것이 많습니다. 천창을 통해 햇살을 받아들이는 경우도 많으며 집안에서 가장 밝습니다. 미국인은 집에서

친구, 친척, 동료 등을 대접하는 것을 좋아하므로 파티를 할 때에는 가장 혼잡한 공간이 됩니다.

침실, 거실, 욕실 등 그 외의 생활공간에서는 난색계열로 부드럽고 넓게 퍼지는 빛을 좋아합니다. 광원은 거의 백열램프고, 조명으로는 천정 붙박이식 조명과 반짝이는 램프갓을 씌운 테이블램프와 플로어램프를 같이 사용하고 있습니다. 램프갓은 각각 집을 대표하는 상징이 되고 있습니다.

남국의 햇살이
시원스런 인테리어로

■ 인구 = 4,190,000명
■ 인구밀도 = 6,050명/㎢
■ 1개월당 임대료 평균 = SGD3,000 (약 2,477,000원)
■ 전기요금 = SGD0.18/kWh (약 150원)

북위 1도에 위치한 싱가포르는 열대성 기후풍토를 지닌 도시의 대표선수로 등장한다. 남아도는 자연광, 고온다습한 공기, 온통 뒤덮을 듯이 발육하는 나무들의 녹음, 이곳에서는 자연의 힘이 강하다. 실내는 시각적으로도 항상 밖을 향해 개방되어 있으며 어떻게 밝은 태양을 조절해 인테리어에 적용할까에 마음을 빼앗기고 있다. 이 얼마나 행복한 고민인가. 태양빛이 너무 강한 것이다. 저녁노을이 지고 밤이 되면 길가에도 맛있어 보이는 저녁식사 풍경이 펼쳐진다. 이곳에서 사람들은 햇살을 피해 바깥 바람을 즐긴다. 밤에도 기온이 내려가지 않는 이 도시에서는 시원스런 바람이 소중하다.

그렇다고 해서 낮 동안 실내가 자연광이나 바람에 지배되고 있는 것은 아니다. 오히려 그 반대로 에어컨이 완벽하게 작동하는 인공적인 실내가 마련되어 있다. 온도뿐 아니라 습도도 높으므로 제습을 위해서도 에어컨은 꼭 필요한 것이다. 실내에서도 무방비하게 있으면 감기에 걸리고 만다. 물론 80% 이상의 가정에서는 밝고 시원스럽고 경제적이라고 믿고 있는 형광램프를 주요 조명으로 사용하고 있다.

싱가포르의 주택을 세 가지 형식으로 나누고 각 조명방식을 관찰해보자. 중국풍 숍하우스shop-house, 인구의 86%가 산다는 공공주택HDB, 그리고 한없이 멋스런 고급 콘도미니엄…….

제 공 자

葛西玲子
Reiko Kasai

1963년, 도쿄 출생. 원래는 피아니스트. 토호(桐朋)학원대학 음악학과, 미국 Rutgers대학 음악학부 석사과정 수료. LPA 입사 후 다수의 조명탐정단 활동 기획에 종사했다. 현재 LPA 싱가포르 오피스 대표. 또한 아트건축 등을 주제를 가지고 기고가로 활동 중.

결론을 먼저 말하자면, 싱가포르의 주택에 있어서 인공적 빛 조명이 별로 중시되지 않은 것은 열대성 기후풍토로 인해 일 년 내내 낮 동안에는 너무도 강한 자연광이 넘치고 있기 때문입니다.

우선 제가 가장 멋지다고 생각하는 열대 아시아의 생활 두 가지를 소개하겠습니다. 세계적으로 활약하는 도시계획 디자이너인 마드 비자야Made Wijaya의 발리섬에 있는 주거를 겸한 사무소, 그리고 '가장 아름다운 공간'으로 숭배시되는 스리랑카의 전설적 건축가 제프리 바우Geoffrey Baws의 콜롬보의 저택입니다그는 이 촬영 후 얼마 안지나 사망했습니다만. "열대에 산다는 것은, 즉 옥외에 산다는 것이다"고 그가 말하듯이 일 년 내내 고온다습한 생활에 있어서는 안과 밖이라는 경계선이 애매하며, 채광이 아니라 '차광'을 중심으로 실내환경을 유지해왔습니다. 또는 '호흡하는 벽', '깊은 차양', 개폐 가능한 블라인드 등으로 자연광을 차단하고 나면 실내는 어슴푸레한 공간이 됩니다.

그렇다고는 해도 싱가포르라는 곳은 적도에서 겨우 137km 북쪽인 열대에 위치하면서도 '자연을 극복하고 세계에서 가장

에어컨이 잘 갖춰진 환경을 조성해 생산성을 높인 인공적인 도시국가'로 평가받으므로, 꼭 기후풍토에서 길러진 전통적인 생활을 답습하고 있는 도시환경이라고는 할 수 없습니다. 중국인이 75% 이상이기는 하지만 말레이시아인, 인도인 등으로 구성된 다민족국가고 공용어가 영어이므로 국제 비즈니스 도시라는 인상도 강한 반면 차이나타운이나 인디언 등과 같이 각 민족이 집결하는 공간이나 유적지는 화려하고 토착적입니다.

싱가포르에서 가장 독특한 주택양식은 숍하우스라 불리는 폭이 좁고 깊이가 깊은 점포주택이었던 건물로 건축된지가

70~100년 정도되었습니다.

도시화와 함께 이전에는 마구 부숴버렸던 숍하우스지만, 그 장식적인 외관상 아름다움에 대한 평가가 높아지면서 정부의 의향도 그것을 보존하려는 방향으로 바뀌었습니다. 현재 숍하우스가 남아 있는 구역 전체가 보호되고 있으며, 유행하는 레스토랑이나 바^{bar}로 개장한 거리도 있습니다. 유감스럽지만 그 아름다운 외관도 밤이 되면 어둠 속에 묻혀버리고 맙니다.

싱가포르에서 가장 일반적인 주택은 주택개발국이 공급한 HDB라는 공공집합주택이며, 인구의 88%가 이곳에 거주하고 있습니다. 1970년대부터 계획적으로 정비해 온 공공고층주택은 중심가에서 국경까지 전역에 분포하고 있습니다. 오래된 건물은 수리하고 새로운 개발에는 젊은 건축가를 기용해 디자인을 중시하는 쾌적도까지 높인 생활을 국민들에게 약속하고 있습니다.

공공 아파트가 고층화하는 한편, 지역사회의 편의성 및 지역사회 간의 관계에 대해 공간의 문제가 거론되고 있습니다. 지상층은 'void-deck'로 알려져 있는데 원래는 지역사회의 집회장으로 설계된 것입니다만, 불쾌한 기후에서 통기성을 높이는 데에도 큰 역할을 하고 있습니다.

조명은 최소한의 것만 있으며, 심야가 지나서까지 떠들썩한 아래층의 캐주얼한 음식점에서는 발가벗은 형광등의 새하얀 불빛이 길안내 역할까지도 하고 있습니다. 실내조명은 사는 이에 따라 다르지만 '경제적이다', '열을 띠지 않으므로 뜨겁지 않다', '밝다' 는 이유에서 형광등을 압도적으로 많이 사용하고 있습니다.

물론 싱가포르에서도 젊은 세대들은 인테리어나 조명에도 적극적이며 오래된 아파트를 잘 개조해서 자신만의 연출을 하고 있습니다.

이처럼 서민적인 생활공간에서는 형광등이 일반적으로 사용됩니다만, 열대식수로 둘러싸인 한적한 주택지의 고급 콘도미니엄에서는 유리를 많이 사용해 투명감을 강조한 트렌드가 반영된 디자인을 볼 수 있으며, 커다란 창문에서 새어 나오는 백열색 불빛이 밤 분위기를 고조시키고 있습니다. 이러한 프로젝트에는 조명디자이너를 기용해 랜드스케이프의 불빛을 정리함으로써 쾌적한 조명환경을 만들어내고 있습니다.

열대지역에서는 한낮에 햇빛 아래를 일부러 걸어다닐 일은

별로 없으므로 사람들은 작열하는 태양을 피할 수 있는 일몰 후에 밖에서 휴식을 취하고 정처 없이 걷기를 즐깁니다. 그러므로 풍부한 열대식림 및 야경을 비추는 조명이나 옥외 환경조명이 중요해집니다만 사용하는 기법은 매우 간단합니다.

주택과 그 주변의 빛 속에서도 압도적인 영향력을 지니는 것은 외식문화를 중심으로 한 옥외활동의 빛입니다. 번화가나 음식점 거리뿐 아니라 생활이 있는 곳에는 반드시 음식점이나 포장마차가 서고, 건물 사이 주차장 한 구석같이 황량한 곳에 조차 원탁을 둘러싸고 즐거운 자리가 벌어집니다. 맘편하게 부담 없는 가격으로 즐길 수 있는 옥외식당이나 커피숍에서 가족이나 친구들이 모이며, 이러한 장소들은 주택가에 있는 공공 광장과도 같은 역할을 하고 있습니다. 또한 주택지를 도는 나이트마켓이나 종교적 의식도 옥외에 가설 간이텐트를 치고 열립니다.

　전문적으로 가설무대를 순회하는 가수도 있습니다. 발가벗
은 형광등 불빛뿐인 곳으로 사람들이 빨려들듯 모여듭니다. 떠
들썩한 열대의 옥외생활 속에서 편안해지는 순간은 한밤의 불
빛으로 모여드는 도마뱀이나 개구리 우는 소리를 들으며 잠드
는 순간입니다. 혹독한 추위와 길고 긴 밤, 고요함 속에서 자라
난 북미의 인공적인 조명문화와는 대조적인 빛과 접하는 문화
가 이곳에는 있습니다.

뽀얗게 반짝이는 UFO가
방 한가운데에 떠다닌다

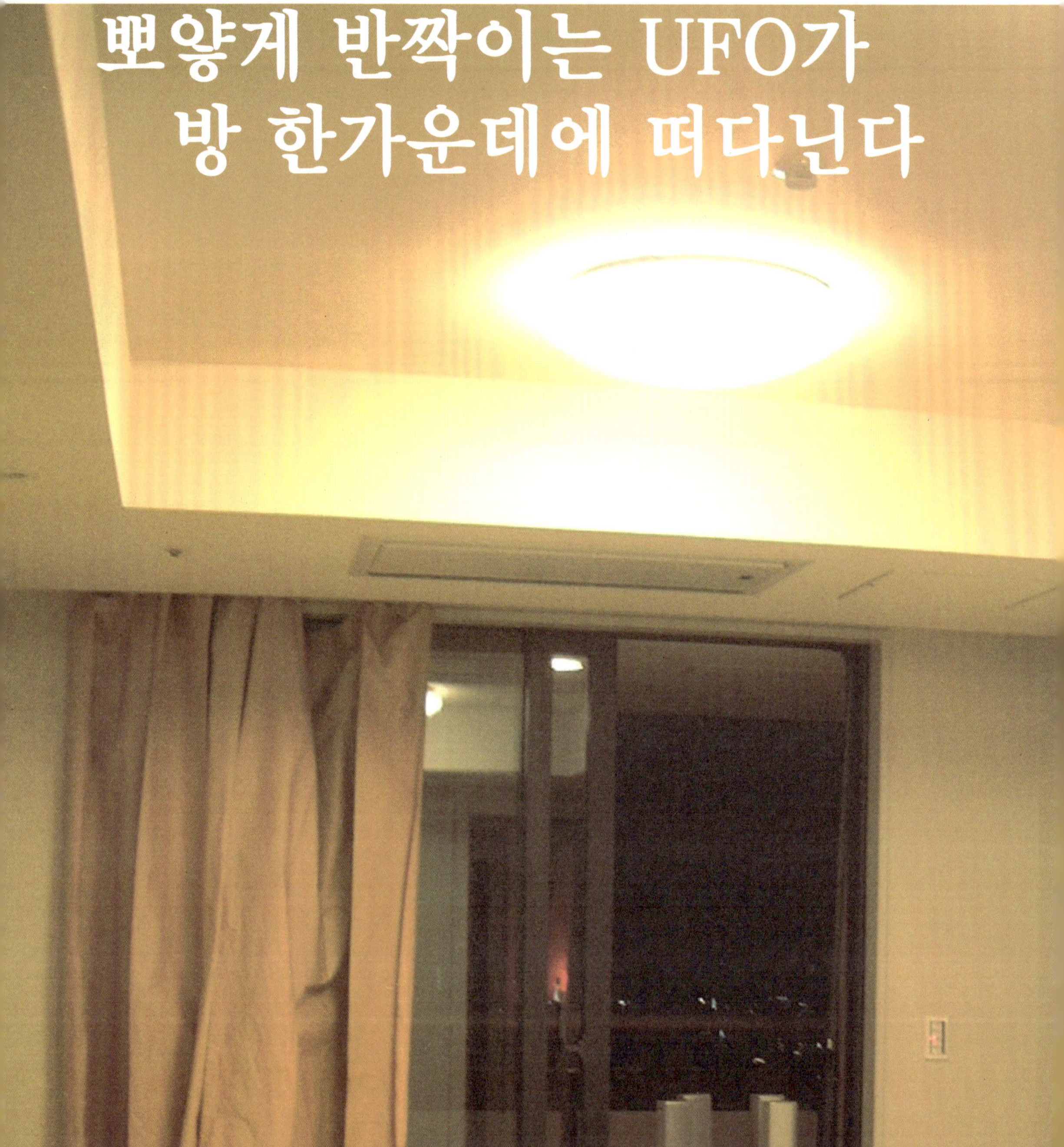

■ 인구 = 12,351,331명
■ 인구밀도 = 5,517명/㎢
■ 1개월당 임대료 평균 = 69,700엔(약 816,000원)
■ 전기요금 = 22엔/kWh(약 260원)

도쿄에 산다는 것은 아마도 전 세계에서 가장 스트레스를 받는 일일지도 모른다. 토지도 가옥도 비싸서 사람들은 어쩔 수 없이 좁고 밀도 높은 주택사정을 받아들이고 있다. 그곳에 가장 많이 사용되고 있는 조명기구가 바로 백색형광램프를 사용한 천정에 딱 붙이는 형식인 것이다.

방 한가운데에 달랑 매달린 새하얀 형광램프의 빛이 좁은 방 구석구석까지 균일하게 비추며, 생활환경에서 어두운 곳을 제거하고, 새하얀 공기와 밋밋한 가족의 표정을 만들고 있는 것이라고 비평한다면 조금은 위기감을 가져올 것인지. 그리고 백열램프를 사용한다면 바로 빛의 양을 변화시킬 수 있는 조광기가 될 수 있지만, 번쩍이는 형광등은 빛을 조절하는 일도 없이 안정적이고도 대낮같이 환한 경치를 만들어내고 있다. 모든 것이 이처럼 전형적인 모습은 아닐지도 모르지만 우리가 한 조사에 따르면, 가정의 조명은 아직 70% 이상이 이러한 현실이다.

그러나 연령층이 낮은 사람들은 그러한 경향을 조금은 지겨워하고 있는 모양이다. 고령자는 조명의 가치를 '밝음'에 두는 것에 비해 젊은이들은 '분위기나 디자인이 중요'하다고 대답한다. 그리고 고령자가 하얀 빛을 좋아하는 것에 비해 젊은이들은 따뜻한 느낌의 빛을 선호한다. 서서히 도쿄의 주택조명도 변화하는 것일 게다. 그렇다고는 하지만 세계를 대표하는 근대도시 도쿄에는 아직 빛의 양으로부터 피할 수 없는 생활이 만연해 있다. 그러한 사실이 그저 놀라울 뿐이다.

제 공 자

面出 薰
Kaoru Mende

1950년, 동경 출생. 동경 예술대학 미술학부 석사과정 수료. 1990년에 ㈜라이팅 플래너즈 어소시에이트 설립. 주택조명에서 건축조명, 도시·환경조명 분야까지 폭넓은 조명디자인의 프로듀서, 플래너로 활약하고 있다.

도쿄에서 볼 수 있는 주택조명의 특징에 대해 20분 정도로 짧게 보고하겠습니다. 여기서 이야기하는 내용은 제가 운영하고 있는 조명디자인 회사인 LPA와 제가 교편을 잡고 있는 무사시노미술대학의 세미나 학생들이 조사·분석한 내용을 바탕으로 하고 있습니다. 우리들은 이 보고서를 정리하면서 20명 정도의 참가자를 4개 그룹기초자료팀, 조명기구 50년사 조사반, 조명의식실태 설문조사반, 가택방문·실태조사반으로 나누어, 거의 2개월에 걸쳐 조사를 실시했습니다. 도쿄의 주택조명현황을 전달하고자 가능한 특징을 단순화하고 중산층 주택을 집중적으로 보고하기로 했습니다.

우선은 도쿄에서 많이 볼 수 있는 전형적인 주택조명의 정경을 소개합니다. 실내는 동서의 양식이 혼재해 있으며 모든 방에는 천정 한가운데에 하얗게 빛나는 형광등 기구가 설치되어 있음을 알 수 있습니다. 거실에서도, 식당에서도, 침실에서도, 서재에서도, 주방에서도, 실내 구석구석까지 균일하고 밝게 비추기 위한 기법이 사용되고 있습니다.

실내뿐 아니라 바깥도 한 번 봅시다. 저층 목조주택이 밀집해 있는 전형적인 도쿄 주택지의 저녁풍경입니다. 구미의 주택에서는 Neighborhood Lighting이라는 개념이 있습니다만, 도쿄에서는 단독주택에서든, 밀집주택에서든 "밖에서 우리집 야경이 보이게 한다"라는 배려는 거의 없습니다. 그만큼 밀집해 있어 조망할 정도의 위치조건이 못 된다는 것이겠죠.

대부분 주택의 창문에서는 하얀 형광등 불빛이 새어 나오고 있습니다. 고급 콘도미니엄의 경우에는 창가의 색온도가 내려갑니다.

다음으로 도쿄를 소개하는 기초자료를 소개합니다. 이것이 도쿄의 저녁풍경을 조감한 사진입니다. 도쿄의 인구는 1,200만

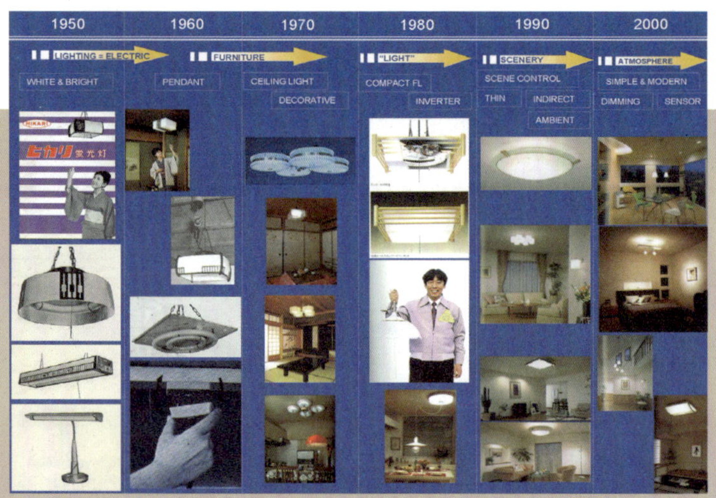

명이 넘습니다만, 주위의 다른 현들과의 경계가 시각적으로 명확하지는 않습니다. 낮 동안의 노동인구는 크게 불어납니다. 집합주택 비율이 약 70%로 단독주택은 30%입니다. 한 가족당 평균거주면적은 약 62m²입니다. 주택에서 사용하고 있는 조명기구 중 가장 비율이 높은 것이 형광등을 천정에 딱 붙여놓은 것입니다.

형광램프를 백열램프보다 많이 사용하고 있습니다. 형광램프는 색온도 5,000K^{백색}인 것이 가장 일반적이며, 원형은 6,500K^{대낮 같은 백색}, 컴팩트형은 몇 년새 3,000K^{백열색}짜리가 늘고 있지만, 일반적으로는 양판점에서 조명기구를 구입합니다.

또한, 우리들은 1950~2003년까지의 조명기구 카탈로그를 분석해 주택조명의 흐름을 정리해 보았습니다. 이 50년 사이에 조명은 많은 기술개발이 이루어져 일본인의 생활을 변화시켜 왔습니다. 조명 = 전기였던 시대부터 = 가구, = 빛, = 경치, = 분위기와 같이 이야기하게 되었습니다. 조명기구 및 장치에 관련된 경향도 몇 가지 키워드들로 정리할 수 있습니다. 50년대에는 화이트 & 브라이트, 그리고 서서히 장식적인 기구가 나오고, 그

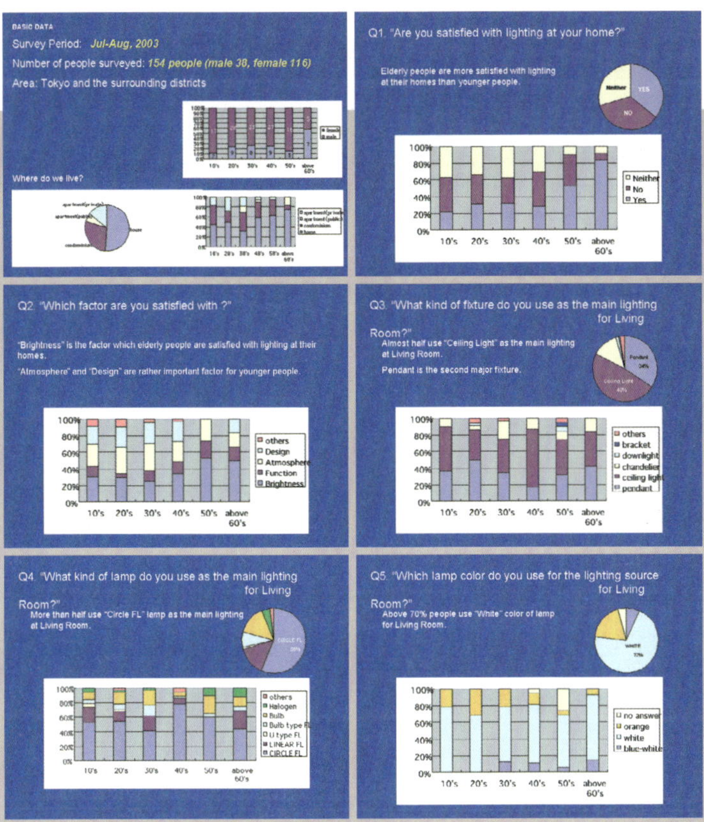

후 컴팩트, 인버터, 신scene 컨트롤 등과 같은 기술들이 파급되었습니다. 현재는 간접조명 및 앰비언트 조명, 컴퓨터 및 센서 등을 사용한 제어 시스템도 유행하고 있습니다. 서서히 주택조명은 빛의 양밝기만으로는 만족할 수 없음을 깨닫기 시작하고 있습니다만, 커다란 개선은 이루어지지 않고 있습니다.

물론 이처럼 도쿄에는 구미형 주택 실례도 많지만 고급주택에 한정되어 있습니다.

그렇다면 주택조명의 현황과 의식조사의 결과를 보아 주십시오. 2003년 7월에 임의로 154명에게 설문조사를 했습니다. 현재의 주거조명에 대한 만족도조사에서는 80%나 되는 고령자가 만족이라고 답해, 30%인 40대 이하와 큰 차이를 보이고 있

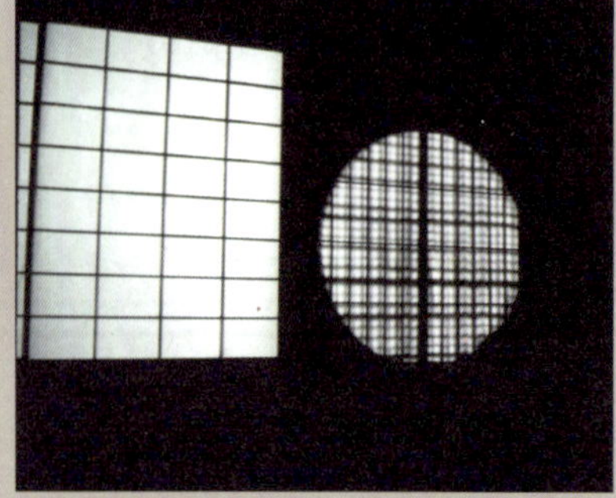

습니다. 이러한 차이는 고령자의 만족요인이 '밝기'에 있는 것에 비해 저연령자의 만족도는 '분위기 및 디자인'에 기인하고 있기 때문인듯 합니다. 거실에 사용하고 있는 조명기구는 펜던트나 직접부착타입이 80% 이상을 차지하고 있으며 그 광원도 75% 정도가 형광램프였습니다.

현재 사용하고 있는 형광램프는 80% 정도가 백색 계열이며, 좋아하는 색온도를 물어보니 저연령층에서는 낮은 색온도를 원하고 있음을 알 수 있습니다. 즉, 이제까지 압도적으로 밝기를 기준으로 해왔던 주택조명의 모습도 주의 깊게 살펴보면 연령층에 따라 기호의 차이가 크며, 서서히 변화하고 있다 할 수 있습니다.

이러한 조사 및 분석을 바탕으로 일본의 주택조명에 대해 4종류의 제안을 하고자 합니다.

하나는 Neighborhood Lighting, 즉 우리집의 외관조명에 신경을 쓰자는 것입니다. 저녁이나 밤중에 집으로 돌아올 때에는 역시 우리집이 가족들을 따뜻하게 맞아줬으면 합니다. 창가의 불빛이나 대문 및 현관조명 등을 좀더 고민해서 연출했으면 합니다. 다음으로 조명기구를 천정뿐 아니라 낮은 위치에도 설치하는 것입니다. 원래 일본의 전통가옥에는 낮은 위치의 조명밖에 없었던 것이니 낮은 위치의 여유로운 빛과 그림자를 즐겨 마땅하지 않을까요. 그리고 형광램프를 사용할 때도 썰렁하게 대낮같이 환한 백색이 아니라 따뜻한 색의 빛을 잘 나눠 사용해야 합니다. 일하는 곳은 하얀색, 쉬는 곳은 오렌지색……이 기본입니다. 마지막으로 조명기구를 방 한가운데에 매달지 말고 중심에서 어긋난 곳에 배치하는 것입니다. 그러면 방안에 빛과 그림자가 공존하게 됩니다. 그림자 진 곳을 싫어하지 말아야 합니다. 그렇게 해서 빛과 밝음이 더욱 살아나기 때문입니다.

마지막으로 일본의 전통적인 목조건축 및 생활환경에서 볼 수 있는 빛에 대해서 소개하겠습니다. 다실 같은 곳에서는 서양에는 없는 섬세한 음영을 사모하는 마음이 엿보입니다. 실내와 옥외를 한 순간에 하나로 합치거나 차단하기 위한 미닫이문 및 창호지, 기둥 및 들보의 구조와 자유로이 공간을 변화시키는 문의 디자인이 특징입니다. 애매한 빛과 그림자, 사라지는 그림자의 짙고 엷음, 밑에서, 옆에서 던져지는 불빛들, 미세한 빛을 투영하는 하얀 스크린, 완벽한 간접 확산광 등이 전통이 가르쳐주는 부분들입니다.

유감스럽게도 현재 도쿄의 주거공간에서는 이러한 빛을 볼 수가 없습니다. 일본의 전통적인 빛의 미의식이 최첨단 조명기술로 현대에 되살아나기를 기대하고 있습니다. 도쿄의 주택조명은 서서히 진행되지만 커다랗게 혁신되어갈 것입니다.

세계조명탐정단이란 무엇인가

照明探偵団
membership card
面出薫
Kaoru Mende
No. 0001   name
TRANSNATIONAL TANTEIDAN
http://www.tanteidan.org/
[照明探偵団5ヶ条]
[Five Lighting Detectives Rules]
1.常に身の回りの光の害に憤慨すること。
Get angry with surrounding light pollution.
2.深く鋭く現場の光を観察すること。
Deep and accurate observation of light on the site.
3.芸術的な光に大誠族に感動すること。
Do be impressed with artistic lighting.
4.感動的な光の内容を冷静に推理する。
Calmly detect inspiring lighting design.
5.光の体験を継続的に蓄積すること。
Continuously accumulate experiences in lighting.
照明探偵団事務局

거리에 나가 그곳에 있는 그대로의 빛 환경을 면밀히 관찰한다. 빛 환경이란 책상 앞에 앉아 논할 수 있는 것이 아니니만큼 탐정단에게 있어 이 '관찰'이란 행위는 매우 중요한 의미를 가진다.

조명탐정단으로 조사활동을 시작하게 되면 현재의 빛 환경에는 대립되는 평가가 공존하고 있음을 깨닫는다. 바로 감동을 불러일으키는 '영웅적인 빛'과 분개 및 규탄에 직면하는 '범죄적인 빛'이 그것이다.

예를 들면, 일본의 도시에서는 이미 누구나가 익숙한 수많은 경치들인 가로등 수를 웃돌 만큼 무섭게 증가하는 자동판매기의 불빛, 모기퇴치램프같이 반짝이는 편의점과 드러그스토어의 불빛, 눈을 뜨기 어려울 정도로 눈부신 주유소, 빨갛게 점멸하는 빌딩의 항공장해등, 나무에 설치한 일루미네이션 및 모뉴먼트의 라이트업, 골목길 포장마차의 빨간 초롱불, 강을 오가는 유람선, 고속도로를 질주하는 자동차 불빛 등등. 그곳에는 분명히 빛의 영웅과 범죄자가 숨어 있다. 영웅을 찬양하고 범죄자를 규탄해서 인간과 빛의 더 나은 관계를 계속 찾아가는 것이 조명탐정단의 사명이기도 하다. 하지만 영웅과 범죄자는 종이 한 장 차이다. 관찰자의 연령이나 성별, 국민성이나 시대와 함께 영웅이 범죄자가 되고 범죄자를 영웅으로 숭배하기도 한다. 북미에서 온 조명탐정단 멤버는 네온간판

이 즐비한 신주쿠의 가부키쵸를 보고 도쿄를 대표하는 영웅이라며 매우 기뻐했다. 반대로 우리들이 처음 보는 와이어에 매단 가로등커티너리 조명을 보며 좋아하는 것을 보고 그들은 '지루한 기능성 조명'이라 일축한다. 그렇기에 거리탐색은 멈출 수가 없고, 관찰하면서 논의해야 한다. 여기에 탐정단의 기본이 있다.

살짝 비추고 얼른 도망쳐라 _ 라이트업 게릴라

이 훈련의 목적은 유명한 건축물이나 다리, 타워 같은 것들만이 빛을 받아 아름다워지는 것이 아니라 누구라도 일상적으로 볼 수 있는 평범한 거리풍경에 빛을 비추어 재발견하고자 하는 것이다. 즉, 작자미상의 풍경복권을 누구라도 쉽게 접할 수 있다는 것을 실천하는 것에 그 목적이 있다.

보통은 400볼트암페어VA 정도의 발전기와 간단한 투광기 등을 자동차에 싣고 현장으로 향한다. 물론 사전에 경찰 등에게 허가를…… 받는 일도 없는 비합법적 활동이므로 흥미로운 경치를 찾아내서는 살짝 빛을 비춰서 얼른 찰칵찰칵 사진을 찍는다. 그리고 재빠르게 휙 그 자리를 뜨는 것이 철칙이다. 아무튼 잘 훈련된 현장의 전사처럼 역할을 분담해서 솜씨 좋게 일을 처리하는 것이 비결이다. 자동차도, 발전기도 사용하지 않을 때에는 인해전술로 게릴라전을 펼쳐 강력한 회중전등을 잔뜩 준비해서 그것을 일제

히 비춰보는 일도 있다. 아무래도 제대로 된 방법을 쓰고 싶을 때는 지역주민들에게만은 사전에 양해를 구해두면 좋다. 대부분의 경우 모두가 흔쾌히 응원해준다.

이 라이트업 게릴라전을 하다 보면 이미 거리조명이 너무 환한 탓에 빛을 비춰도 그 풍경이 멋지게 부각되지 못하는 경우가 꽤 있다. 그래서 이것 또한 비합법적이기는 하지만 거리가 너무 환해지는 것을 원천 봉쇄하기 위해 가로등 같은 것들을 사전에 꺼두지 않으면 안 된다. 주광 센서를 발견한 경우에는 그것에 집중적으로 강력한 빛을 비추어 5분 정도 꺼져 있도록 해둔다. 그렇게 할 수 없는 경우에는 미리 준비한 검은 시트로 일시적으로 빛을 차단한다. 즉 거리에 필요한 어둠을 만드는 것부터 시작하지 않으면 안 되는 경우도 많은 것이다.

빛의 문화를 이야기하자 _ 시민참가·이벤트·심포지엄·전람회

빛이나 조명은 평이한 생활문화의 하나로서 누구라도 어렵지 않게 흥미를 갖고 이야기할 수 있는 것이어야 한다. 자신의 주변에서 일어나고 있는 빛의 사건을 관찰한 후에는 그 사건이 어떤 식으로 해결될 것인가에 대해 이야기할 필요가 있다. 조명탐정단은 이제까지 많은 심포지엄 및 세미나를 개최해 왔는데 이것은 시민상호 간에 빛의 문화를 스스로 생각해보고 이야기를 나눌 수 있는 자리를 마련한다는 의미를 지니고 있다.

다채로운 14명의 게스트를 초대해 조명문화에 대해 이야기를 나눈 '연속실천강좌 - 당신도 조명탐정단', 반세기 후 도쿄의 야경을 전망하는 '2050년 TOKYO 야경전', 12년간에 걸쳐 조사한 세계의 야경을 한자리에 공개한 'World Lighting Journey - 세계의 야경전' 등, 도시조명에 대해 토론하거나 조명탐정단의 활동을 소개하는 세미나 및 전시회를 열어 왔다. 또한 '조명탐정단, 긴자에 출현'이라는 전시회에서는 긴자 상점회 여러분 및 지역주민들의 협력으로 조명탐정단 긴자 미니투어 및 공개토론회 등도 기획하였다.

시민들에게도 참가를 권해 버스 투어 및 유람선 투어, 헬리콥터 투어 등의 야경 워칭 투어를 실시해왔다. 길에서 강에서 바다에서 하늘에서, 보행자의 시점에서만 이야기하는 것이 아니라 여러 가지 이동기관을 사용해 다각적인 시점에서 도시야경을 관찰하다 보면 평소에는 보이지 않던 것들도 보일 때가 있다.

세계조명탐정단 _ 기원, 포럼

1990년에 도쿄에서 시작된 조명탐정단은 어느새 바다를 건너 해외잡지에도 실리게 되었으며, 다양한 활동정보가 구미 및 아시아 각국으로 전해졌다. '탐정단 활동이 재미있을 것 같다. 나도 참가할 수 있는지……' 하는 몇 통의 편지들이 도착했다. 독일에서 스웨덴에서 덴마크에서 그리고 미국에서. 그 중에는 도쿄에 와서 돌연히 탐정단의 도시관찰에 참가하는 이들도 있다.

그러던 중 국제적인 네트워크를 만들자는 취지로 세계조명탐정단 Transnational Lighting Detectives이 1999년에 발족되었다. 첫회부터 참가한 멤버는 함부르크, 뉴욕, 코펜하겐, 스톡홀름, 싱가포르, 도쿄의 대표자로, 핵심멤버는 11명이다. 가장 편리한 정보교환은 인터넷일 것이라 하여 우선은 www.tanteidan.org를 만드는 것을 시작으로 동시에 오프사이트 회합을 일 년에 한 번, 각 도시를 순회하며 개최하기로 했다.

그것을 '세계조명탐정단 포럼Transnational Tanteidan Forum'으로 이름 지었다. 제1회 개최지는 도쿄으로, 6개 도시의 동료들을 불러 각 지역에 살아있는 빛 문화를 비교·검토하기로 하였다. 제2회째는 스톡홀름, 그리고 제3회째는 함부르크, 제4회째 이후는 뉴욕, 싱가포르, 코펜하겐을 예정하고 있다.

제1회 도쿄포럼 _ 2002년 12월 6일(고탄다/도쿄디자인센터)

제1회 도쿄포럼의 테마는 '지역적인 빛 환경Regional Lighting'이었다. 지구상의 각 도시는 특징을 지닌 지방이라는 시점에서 각각의 특징적인 불빛, 개성적인 빛 문화에 대해 이야기하기로 했다. 회장에는 정원 100명을 초과하는 청중이 모였으며, 빛 환경을 크게 도시, 건축, 주택, 이벤트라는 네 분야로 나누어 각각 특징적인 사진을 골라 빛의 매트릭스를 작성했다.

각 도시에서 겨우 네 개씩 골라낸 장면이지만 나열해 보니 차이가 보인다. 스톡홀름에서는 창문으로 흘러 넘치는 따뜻한 백열등 불빛이 거리의 Blue Moment의 아름다움을 한층 더 살려주는 한편, 도쿄에서는 고층빌딩들의 새하얀 빛이 24시간 잠들지 않는 불야성을 만들고 있다. 같은 상황의 빛 문화 및 현황을 비교해본다는 것에 의미가 있다. 그럼으로써 그 지방에만 있는 빛의 가치를 재발견할 수 있다. 그러한 확신을 갖기에 충분한 포럼이었다.

제2회 스톡홀름포럼 _ 2003년 8월 29일(Kulturhuset Haninge)

제2회 포럼은 스톡홀름에서 열렸다. 참가희망자가 늘어나 직전에 개최장소를 변경할 정도로 인기가 높았다. 참가자는 조명 및 건축 관계자, 학생 및 인근도시에서 온 참가자들도 있었다.

Aleksandra Stratimirovic
Katja Bülow
Christoph Geissmar-Brandi
Ulrike Brandi

일본에서도 학생들을 포함해 12명이 참가했다. 'TANTEIDAN' 이라는 단어가 이미 북미 사람들에게서도 시민권을 얻고 있다는 것을 알 수 있었다.

이번 테마는 전회보다 범위를 좁혀 '주택인근조명Residential Neighborhood Lighting'으로 하였으므로 각국의 주택조명에 대한 사고방식 및 인식차이를 세세한 부분까지 볼 수 있었다.

방안 천정 한가운데에 설치된 형광등 실링 라이트나 양판점에서 빛을 발하고 있다가 팔리는 조명기구 등 도쿄의 주택조명이 생소한 사람들에게 있어서는 그것이 어딘가 우스꽝스러워 보이는 모양으로 회장에서는 웃음소리가 들리기도 했다. 같은 아시아면서도 싱가포르는 태양빛의 강렬함이 돋보이는 열대 자연광을 사용한 주택을 예로 소개했다. 이 아시아와 대조적인 것이 북미 주택인데 적기는 해도 따뜻한 촛불의 불빛을 소중히 하는 자세가 대비적이다.

조명탐정단에 대해 _ 자료편

조명탐정단에 대해

조명탐정단은 1990년에 일본의 조명디자이너인 멘데 카오루面出 薫를 단장으로 주식회사 Lighting PLANNERS Associates 안에 결성된 조명문화연구소다. 발족이래 도시의 빛 환경조사를 계속 실시해오고 있으며, 그 영리를 목적으로 하지 않는 현장조사의 성과를 출판 및 전시회, 기타 이벤트를 통해 다양한 형태로 발신하고 있다. 그 후 조명전문가에서 학생, 주부에 이르기까지 광범위한 시민회원들에게까지 활동이 확대되었으며, 현재 1,700명의 홍보회원과 200명의 조명탐정단 클럽회원이 등록되어 있다.

국제적인 조명탐정단 활동에 대한 흥미가 높아짐과 함께 1999년에는 국경을 넘은 조명탐정단 활동인 '세계조명탐정단'이 시작돼 현재 각국의 핵심멤버 11명을 중심으로 네트워크를 구성해 활동하고 있다.

조명탐정단의 목적과 기능

지금 전 세계 도시는 빛으로 충만해 있다. 도시는 점점 밝아지고 밤에도 안전하고 고효율적인 빛 환경을 손에 넣어 왔다. 화려한 밤의 빛 환경은 도시 그 자체의 매력을 창출하고 있다. 하지만 그 반면 너무 밝은 탓에 어둠을 잃은 도시에서는 '광해光害'나 '소광騷光'이라는 말조차 사용되기 시작했다. 그러한 빛의 덧셈은 정말로 쾌적한 밤을 약속해 왔는가.

도시환경 조명현황을 한 번 더 살펴보고, 탁상공론이나 개념론이 아니라, 자신의 발과 눈으로 현장을 관찰하고, 여러 지혜를 모아 이제부터 조명문화를 이야기해 가기 위해서 조명탐정단은 설립되었다.

활동내용

조명탐정단은 폭넓은 활동을 벌이고 있다. 정기적으로 실시하는 것이나 이벤트성으로 실시하는 것 등 다양하지만 주로 다음의 여섯 가지가 주축이 되고 있다.

빛의 조사연구　　조명탐정단 활동의 기본이 되는 것으로 조명탐정단클럽 회원을 중심으로 일상적으로 행해 진다. 매번 테마를 정해 거리都市를 조사하는 '거리탐색'이나 테이블을 둘러싸고 자신이 조사해온 내용을 보고하는 '살롱'도 이 활동의 하나다.

세계의 도시조명 조사　세계의 빛 환경을 파악하기 위해 전 세계의 도시를 찾아 계속 조사활동을 벌이고 있다. 이제까지 45개 이상의 도시를 조사했으며, 그 기록은 「World Lighting Journey」로 정리하였다. 이 도시조사 라이브러리는 세계의 빛 환경을 비교·검토함에 있어서 중요한 기초데이터로 정리되었다.

　출판·미디어　조명탐정단의 활동을 널리 알리기 위해 이제까지의 활동내용을 모아 출판하거나, 조사내용을 잡지에 기고하기도 한다. 또한 TV 및 라디오 프로그램 출연 등으로 협조해 수시로 탐정단과 조명문화를 PR하고 있다.

　세미나·전시회　다채로운 게스트를 초대해 갖가지 빛을 소재로 실시하는 '연속실천강좌 - 당신도 조명탐정단', 도쿄의 야경에 대한 예측론을 나누는 '2050년 TOKYO 야경전', 12년간의 조사자료를 한 번에 공개한 'World Lighting Journey - 세계의 야경전' 등 조명문화 및 도시조명에 대해 논의하는 세미나나 전시회를 기획·개최하고 있다.

　시민참가형 이벤트　거리탐색 및 살롱 이외에도 밤의 경치를 다양한 각도에서 관찰하는 '야경 워칭 투어', 일상 속에 있는 거리경치를 돌연히 비추는 '라이트업 게릴라', 전기를 끄고 촛불만으로 시간을 보내는 '100만인의 캔들 나이트' 등이 있다. 이러한 참가형 이벤트를 통해 조명의 즐거움 및 어려움을 생각하는 계기를 제공하고 있다.

　뉴스레터와 웹을 통한 정보발신　'조명탐정단 통신'이라는 뉴스레터를 정기적으로 발간하고 있어, 국내외의 탐정단 활동보고, 거리탐색에서 발견한 빛의 사건을 발표하는 곳으로 활용하고 있다. 또한 웹 사이트에서는 활동속보 및 회원들의 보고서를 수시로 올려 정보를 교환하고 있다. www.shomei-tanteidan.org

　세계조명탐정단 Tanteidan Lighting Detectives　도쿄에서 시작한 조명탐정단이 1999년에 세계적인 규모의 네트워크로 탄생했다. www.tanteidan.org라는 사이트도 올려 매년 세계 각지에서 Forum을 개최하고 그 폭을 넓혀가고 있다. 'Transnational' 이란 '국경을 초월한·다국적인' 이라는 의미. 글자 그대로 다국적인 사람들이 이곳에 모여 세계의 조명에 대해 조사·분석하고 이야기를 나눔으로써 조명문화의 발전을 기대하고 있다.

Brandi, Christoph Geissmar독일

Brandi, Ulrike독일

Bülow, Katja덴마크

Fielstette, Christof독일

Kasai, Reiko싱가포르

Kristensen, Lisbeth Skindbjerg덴마크

Mende, Kaoru일본

Neches, Jason미국

Savvidou, Eleni미국

Stratimirovic, Aleksandra스웨덴

Tanuma, Saiko일본

세계조명탐정단 웹사이트(영어) :

http://www.tanteidan.org

조명탐정단 웹사이트(일본어, 영어) :

http://www.shomei-tanteidan.org

조명탐정단 사무국 e-mail :

office@shomei-tanteidan.org

맺는 말

　맥도널드나 세븐일레븐이 전 세계 도시에 만연하는 것에 대해 우리는 크게 의구심을 가진 적이 있다. 자동차나 컴퓨터 기기처럼 세계의 브랜드가 통일되고 세계의 품질이 동시에 관리되는 것을 Globalization이라 하는 것이라면 Globalization은 굉장히 폐를 끼치는 일이라 생각했기 때문이다. 그러나 그 후 북유럽의 거리에서 완벽한 간접조명을 설치하고 있는 세븐일레븐을 발견하거나 상하이의 맥도널드에서 중국의 맛을 살린 햄버거를 먹었을 때에는 한순간 안도감을 느꼈다. 그렇게 간단히 세계공통의 맛으로 관철되는 것은 참을 수 없다. 통일되지 않은 규격의 조명이 더욱 소중하며 세계는 특색 있는 Local한 빛으로 구성되어 있음을 인식하는 것이 중요하다.

　20세기에는 신을 모독이라도 하는 듯한 빛의 증량增量으로 세월을 보냈다. 그리고 이제부터는 예상조차 못했던 조명기술이 태어날 것이 분명하며 우리들의 생활을 크게 혁신할 것이다. 그와 동시에 조명은 단순한 기술문명이 아니라 오히려 19세기 이전에 있었던 생활문화 및 예술의 가치를 재생할 것임에 틀림 없다. 광란의 20세기를 지나 이윽고 우리들은 빛의 양에서 벗어나 질로 다가가고 싶어하기에 이르렀다.

　북미의 도시에서는 볼 수 없는 빛의 질이 아시아나 오세아니아에서 태어나고, 중동에서 태어나고, 남미나 아프리카에서 태어날 것일 게다. 지구상의 각지에서 가치의 전환이 일어나고 있다. 그렇지 않다면 우리들의 지구에 행복은 찾아오지 않는다. 세계조명탐정단의 탄생은 이를 예감하기에 충분하다.

　이 책을 내는 데에 있어 협력해주신 모든 분들에게 감사드립니다.

조명, 도시를 디자인하다 | 세계의 야경과 생활조명을 찾아서

조명, 도시를 디자인하다 | 세계의 야경과 생활조명을 찾아서